GPU编程实战

（基于Python和CUDA）

Hands-On GPU Programming with Python and CUDA

【美】布莱恩·图奥迈宁（Brian Tuomanen） 著

韩 波 译 毛星云 审校

使用CUDA探索高性能并行计算

人民邮电出版社

北 京

图书在版编目（CIP）数据

GPU编程实战 : 基于Python和CUDA / (美) 布莱恩·图奥迈宁 (Brian Tuomanen) 著 ; 韩波译. -- 北京 : 人民邮电出版社, 2022.6
ISBN 978-7-115-56091-9

Ⅰ. ①G… Ⅱ. ①布… ②韩… Ⅲ. ①图象处理软件—程序设计 Ⅳ. ①TP391.413

中国版本图书馆CIP数据核字(2021)第043062号

◆ 著　[美] 布莱恩·图奥迈宁（Brian Tuomanen）
译　韩　波
审　校　毛星云
责任编辑　吴晋瑜
责任印制　王　郁　焦志炜
◆ 人民邮电出版社出版发行　北京市丰台区成寿寺路 11 号
邮编　100164　电子邮件　315@ptpress.com.cn
网址　https://www.ptpress.com.cn
北京九州迅驰传媒文化有限公司印刷
◆ 开本：800×1000　1/16
印张：16.5　2022 年 6 月第 1 版
字数：303 千字　2024 年 11 月北京第 12 次印刷
著作权合同登记号　图字：01-2018-7743 号

定价：79.90 元

读者服务热线：(010) 81055410　印装质量热线：(010) 81055316
反盗版热线：(010) 81055315
广告经营许可证：京东市监广登字 20170147 号

内容提要

本书旨在引导读者基于 Python 和 CUDA 的 GPU 编程开发高性能的应用程序，先后介绍了为什么要学习 GPU 编程、搭建 GPU 编程环境、PyCUDA 入门等内容，以及 CUDA 代码的调试与性能分析、通过 Scikit-CUDA 模块使用 CUDA 库、实现深度神经网络、CUDA 性能优化等内容。学完上述内容，读者应能从零开始构建基于 GPU 的深度神经网络，甚至能够解决与数据科学和 GPU 编程高性能计算相关的问题。

本书适合对 GPU 编程与 CUDA 编程感兴趣的读者阅读。读者应掌握必要的基本数学概念，且需要具备一定的 Python 编程经验。

作者简介

感谢北卡罗来纳州立大学罗立分校电气与计算机工程专业的 Michela Becchi 教授和她的学生 Andrew Todd，是他们于 2014 年带我进入 GPU 编程的世界。感谢 Packt 出版社的编辑 Akshada Iyer，感谢她在本书撰写过程中给予我的极大支持。最后还要感谢 Andreas Kloeckner 教授为我们带来了优秀的 PyCUDA 库——在本书中，我们会经常用到这个库。

——Brian Tuomanen

自 2014 年以来，Brian Tuomanen 博士一直从事 CUDA 和通用 GPU 编程方面的工作。他在美国西雅图华盛顿大学（University of Washington）获得了电气工程专业的学士学位，在攻读数学专业的硕士学位之前，从事过软件工程方面的工作。后来，他在哥伦比亚的密苏里大学攻读数学博士学位，在那里与 GPU 编程“邂逅”——GPU 编程当时主要用于研究科学问题。Tuomanen 博士曾经在美国陆军研究实验室就通用 GPU 编程发表演讲，后来在美国马里兰州的一家初创公司负责 GPU 集成和开发方面的工作。目前，他在西雅图担任微软的机器学习专家（Azure CSI）。

审稿人简介

衷心感谢家人给予我的全力支持！

——Vandana Shah

Vandana Shah 拥有电子学士学位，还拥有人力资源管理 MBA 学位和电子工程硕士学位。她的研究领域为超大规模集成电路（Very Large Scala Integration，VLSI）。在审阅本书时，她已经提交了脑肿瘤检测的图像处理和深度学习交叉领域的电子学博士论文，待被授予博士学位。她感兴趣的领域为深度学习和嵌入式系统的图像处理。她拥有超过 13 年的研究经验，教过电子和通信专业的本科生和研究生的课程，并在 IEEE、Springer 和 Inderscience 等知名期刊上发表过多篇论文。在磁共振成像（Magnetic Resonance Imaging，MRI）图像处理领域，她获得了美国政府的资金支持，并开展了相关的研究。她一直致力于指导学生和研究人员，还为学生和教师进行软技能开发提供培训。她不仅在技术领域实力不俗，还擅长跳印度舞 Kathak。

前言

感谢大家选择这本用 Python 和 CUDA 进行 GPU 编程的入门指南。虽然这里的 GPU 指的是图形编程单元，但是本书不是用来介绍图形编程的，而是介绍如何对通用 GPU 编程，即 GPGPU 编程（General-Purpose GPU Programming）。在过去的十年中，人们发现 GPU 不仅可以用于渲染图形，同时也非常适合用于计算，尤其是吞吐量巨大的并行计算。为此，英伟达公司发布了 CUDA 工具包，以期让所有了解 C 编程的人能轻松步入 GPGPU 编程的世界。

之所以编写本书，是为了帮助大家尽快进入 GPGPU 编程的世界。为此，我们尽量为每一章提供有趣的例子和习题。我们尤其鼓励大家亲自输入相应的示例代码，并在你喜欢的 Python 环境（Spyder、Jupyter 和 PyCharm 都是不错的选择）中运行它们。这样有助于你掌握所有必需的函数和命令，并获得编写 GPGPU 程序的第一手经验。

乍一看，GPGPU 并行编程似乎是一项异常艰巨的任务，尤其是对那些只有 CPU 编程经验的人来说。你需要面对很多新的概念和惯例，这简直和从零开始没什么两样。这时，你一定要树立信念——只要付出努力，就一定能掌握 GPGPU 并行编程技术。请保持学习热情并持之以恒！学完本书，相信 GPGPU 并行编程技巧将变成你的“第二天性”。

祝编程愉快！

读者对象

本书仿佛是专门为 2014 年的我而写的。那时，笔者正在攻读博士学位，出于研究需要，尝试开发一个基于 GPU 的模拟环境。在此期间，笔者疯狂阅读有关 GPU 编程的各种图书和手册，想尽快在这个领域找到一点感觉。不幸的是，大多数文献会不厌其烦地展示数不尽的硬件原理图和术语——随便翻开一页，几乎都是这些内容，真正实用的编程知识却廖廖无几。

本书适合那些想要实际进行 GPU 编程、不想被技术细节和硬件原理图绕晕的读者阅读。为此，我们将使用 C/C++（CUDA C）语言对 GPU 进行编程，并通过 PyCUDA 模块将其内联到 Python 代码中。我们只需编写底层 GPU 代码，而其他烦琐的工作（例如编译、链接以及在 GPU 运行代码等）可以由 PyCUDA 代劳。

本书内容

第 1 章“为什么要学习 GPU 编程”，介绍学习这个领域知识的动机、如何应用阿姆达尔定律，以及评估从串行编程切换到 GPU 编程后所能带来的性能提升。

第 2 章“搭建 GPU 编程环境”，解释如何在 Windows 和 Linux 系统下为 CUDA 编程搭建合适的 Python 与 C++开发环境。

第 3 章“PyCUDA 入门”，展示利用 Python 语言进行 GPU 编程时所需的基本技能。本章着重介绍如何使用 PyCUDA 的 gpuarray 类与 GPU 进行数据传输，以及如何使用 PyCUDA 的 ElementwiseKernel 函数来编译简单的 CUDA 内核函数。

第 4 章“内核函数、线程、线程块与网格”，介绍编写高效 CUDA 内核函数所需的基础知识。这些内核函数是在 GPU 上运行的并行函数。本章除了介绍如何编写 CUDA 设备函数（由 CUDA 内核直接调用的“串行”函数），还将介绍 CUDA 的抽象线程块/网格结构及其在启动内核函数方面所发挥的作用。

第 5 章“流、事件、上下文与并发性”，讲解 CUDA 流的概念。利用 CUDA 流，我们可以在 GPU 上同时启动多个内核函数并实现同步。本章介绍如何使用 CUDA 事件来计算内核函数的运行时间，以及如何创建和使用 CUDA 上下文。

第 6 章“CUDA 代码的调试与性能分析”，填补纯 CUDA C 编程方面的一些空白，并展示如何使用 Nsight IDE 进行开发和调试，以及如何使用英伟达（后简称 NVIDA）公司的性能分析工具。

第 7 章“通过 Scikit-CUDA 模块使用 CUDA 库”，介绍几种可以通过 Python Scikit-CUDA 模块使用的标准 CUDA 库，例如 cuBLAS、cuFFT 和 cuSolver 库。

第 8 章“CUDA 设备函数库与 Thrust 库”，演示如何在代码中使用 cuRAND 和 CUDA Math API 库，以及如何使用 CUDA Thrust C++容器。

第 9 章“实现深度神经网络”，介绍如何应用前面几章中介绍的知识，从零开始构建一个完整的深度神经网络。

第 10 章“应用编译好的 GPU 代码”，展示如何使用 PyCUDA 和 Ctypes，实现 Python 代码与预编译的 GPU 代码之间的交互。

第 11 章“CUDA 性能优化”，讲解非常底层的各种性能优化技巧，特别是与 CUDA 相关的技巧，例如向量化内存访问、原子操作、线程束洗牌和使用内联 PTX 汇编代码。

第 12 章“未来展望”，给出一些教育规划和职业规划方面的内容。当然，这些都是以扎实掌握 GPU 编程基础知识为前提的。

最后的“习题提示”针对各章的习题给出了解题思路。

阅读本书的前提

这的确是一本实战性较强的技术书。你应先掌握一定的编程知识，才能更好地阅读本书。准确来说，你应该做到：

- 在 Python 语言方面具有中级编程经验；
- 熟悉标准的 Python 科学计算包，例如 NumPy、SciPy 和 Matplotlib；
- 在某种基于 C 的编程语言（C、C++、Java、Rust、Go 等）方面具有中级编程能力；
- 了解 C 语言动态内存分配的相关概念（尤其要了解 C 语言中 `malloc` 和 `free` 函数的用法）。

GPU 编程主要适用于与科学或数学高度相关的领域，因此本书的很多（即使不是大多数）示例会用到一些数学运算。因此，你应具备大学一年级或二年级的数学知识或了解这部分内容，如下所示：

- 三角学（三角函数，如 sin、cos、tan……）；
- 微积分（积分、导数和梯度）；
- 统计学（均匀分布和正态分布）；
- 线性代数（向量、矩阵、向量空间和维数）。

如果你没学过上述内容，或者学完已经有一段时间了，也不用担心，因为本书穿插着介绍了一些关键的编程和数学概念。

此外，在本书中，我们只使用 CUDA——它是 NVIDIA 硬件专有的编程语言。也就是说，在开始之前，你需要准备好以下一些特定的硬件：

- 具有 64 位 x86 架构的 Intel/AMD 处理器的 PC；
- 内存容量不低于 4GB；
- 入门级 NVIDIA GTX 1050 GPU（Pascal 架构）或更高级别的 GPU。

书中的大多数（并非全部）的示例代码可以在各种配置水平较低的 GPU 上运行起来，但需要说明的是，我们只在使用 GTX 1050 的 Windows 10 操作系统和使用 GeForce GTX 1070（简称 GTX 1070）的 Linux 操作系统上进行了测试。关于软硬件的设置和配置的具体说明参见第 2 章。

配套资源解压工具

下载相应的文件后，请确保使用最新版本的解压工具来提取示例代码。可用的解压工具如下：

- 对于 Windows 系统，请选用 WinRAR/7-Zip；
- 对于 macOS 系统，请选用 Zipeg/iZip/UnRarX；
- 对于 Linux 系统，请选用 7-Zip/PeaZip。

体例格式

本书中有一些不同的文本样式，用以区别不同种类的信息。相应说明如下。

黑体：表示新术语和关键词。

代码段以如下格式显示：

```
cublas.cublasDestroy(handle)
print 'cuBLAS returned the correct value: %s' % np.allclose(np.dot(A,x),
y_gpu.get())
```

代码段中需要关注的某些特定代码会以如下形式显示：

```
def compute_gflops(precision='S'):

if precision=='S':
```

```
    float_type = 'float32'
elif precision=='D':
    float_type = 'float64'
else:
    return -1
```

命令行输入或输出内容会显示为如下格式：

```
$ run cublas_gemm_flops.py
```

警告或者重要的提示以这样的形式给出。

技巧以这样的形式给出。

目录

第1章　为什么要学习GPU编程

事实表明，除了用于对视频游戏进行图形渲染，图形处理单元（GPU）还能为普通消费者提供一种进行大规模并行计算的捷径。现在，人们只要从当地的商店购买一块价值2000美元的现代GPU，并将其插入家中的PC，就能轻松获得强大的算力——在5年或10年前，只有顶级的企业和大学的超级计算实验室才有这种算力。近年来，GPU的这种开放的可及性已经在很多方面显现出来。实际上，我们只要留意一下新闻就可以发现——加密货币矿工使用GPU挖掘比特币等数字货币，遗传学家和生物学家使用GPU进行DNA分析和研究，物理学家和数学家使用GPU进行大规模的模拟，人工智能研究人员通过编写GPU代码来撰写剧本及创作音乐，谷歌和脸书等大型互联网公司使用带有GPU的服务器群来完成大规模的机器学习任务……类似的例子简直不胜枚举。

本书的编写初衷，就是帮助你快速掌握GPU编程。这样，无论最终目标是什么，你都可以尽快用上GPU的强大算力。

注意，本书旨在为你介绍GPU编程的核心要领，而不是赘述复杂的技术细节及GPU的工作原理。第12章会列举更多的资源，以帮助你了解细分，进而为学到的GPU新知识找到用武之地。在本书中，我们将使用CUDA。CUDA是NVIDIA公司的通用GPU（General-Purpose GPU，GPGPU）编程框架，早在2007年就有了第一个版本。CUDA是NVIDIA GPU的专有系统，是一个成熟、稳定的平台，使用起来比较方便，并提供了一套无与伦比的第一方数学加速和人工智能相关的代码库。在安装和集成方面，CUDA也是最便捷的。

目前CUDA编程领域出现了许多现成的标准化Python库，如PyCUDA和Scikit-CUDA，让从事GPU编程的程序员更容易上手。基于上述原因，我们在本书中选用了CUDA。

CUDA的发音通常是coo-duh，而非C-U-D-A！CUDA最初代表的是Compute Unified Device Architecture（计算统一设备架构），但英伟达公司已经放弃了这个首字母缩写词的初始含义，转而将CUDA作为全大写的专有名称来使用。

现在，我们先介绍阿姆达尔定律，由此开始 GPU 编程之旅。

阿姆达尔定律是一种简单而有效的方法，用于估计通过将程序或算法转移到 GPU 上可能获得的速度提升，进而帮助我们判断是否有必要通过重写代码利用 GPU 提升程序的性能。在此之后，我们将简要学习如何使用 cProfile 模块分析 Python 代码的运行情况，以找到代码的瓶颈。

在本章中，我们将介绍下列主题：

- 阿姆达尔定律；
- 将阿姆达尔定律应用到代码中；
- 使用 cProfile 模块对 Python 代码进行简单的性能分析。

1.1　技术要求

学习本章之前，请先安装 Anaconda Python 2.7。下载地址如下：

```
https://www.anaconda.com/download/
```

1.2　并行化与阿姆达尔定律

在深入挖掘 GPU 的潜力之前，我们首先要说明的是，与 Intel/AMD 公司的中央处理器（CPU）的算力相比，GPU 的优势在哪里。GPU 的优势并不在于拥有比 CPU 更高的时钟频率，也不在于单个内核的复杂性或特殊设计。与现代单个 CPU 内核相比，单个 GPU 内核其实很简陋，这方面它并不占优势，因为 CPU 内核应用了很多复杂的工程技术，比如通过分支预测来降低计算的延迟等。这里所谓的“延迟”，指的是执行一次计算从开始到结束所用的时间。

GPU 的强大之处在于它比 CPU 拥有多得多的内核，这意味着其吞吐量有了巨大的进步。这里的“吞吐量”指的是可以同时进行的计算数量。下面让我们通过类比来进一步理解这到底意味着什么。GPU 就像一条非常宽阔的城市道路，可以同时通过很多辆行驶较慢的汽车（高吞吐量、高延迟），而 CPU 就像一条狭窄的公路，只能同时容纳几辆汽车，但可以让每一辆车更快地抵达目的地（低吞吐量、低延迟）。

对于新发行的 GPU 设备，我们只需考察其内核数量，就能大体了解其吞吐量的提升情况。举例来说，Intel 或 AMD 公司的 CPU 平均只有 2～8 个内核，而入门级、消费级 NVIDIA GTX 1050 GPU 则有 640 个内核，新的顶级 NVIDIA RTX 2080 Ti 则有 4352 个内核！因此，只要我们知道如何正确地并行化需要加速的程序或算法，就可以充分利用 GPU 巨大的吞吐量所带来的优势。所谓的“并行化”，指的是通过重写程序或算法，将其工作负载分割成更小的单位，以便同时在多个处理器上并行运行。下面让我们来思考一个现实生活中的例子。

假设你正在建造一所房子，并且已经准备好了所有的设计资料和建材。如果你只聘请 1 个工人的话，那么建造这座房子估计需要 100 小时。假设这所房子的建造方式比较特殊，即相关工作可以完美地分配给额外增加的每个工人——也就是说，聘请 2 个工人建造这座房子需要 50 小时，聘请 4 个工人需要 25 小时，聘请 10 个工人需要 10 小时。那么，建造房子的所需小时数等于 100 除以所聘请的工人数量。这就是一个可并行化任务的例子。

我们注意到，与 1 个工人独自建造（串行建造）房子相比，2 个工人完成这项任务的速度是其 2 倍，而 10 个工人一起完成（并行完成）这项任务的速度则是其 10 倍——也就是说，如果 N 是工人的数量，那么建造速度将是原来的 N 倍。在本例中，N 被称为任务的串行版本的并行加速比。

对于给定的算法，在开发并行化版本进行之前，通常我们需要先估计并行化的潜在加速比，以确定是否值得花费资源和时间来实现程序的并行化。现实生活中的例子比这个例子要复杂得多，我们显然很难对程序的所有部分完美地并行化。在大多数情况下，只有一部分程序可以被很好地并行化，而其余的部分则不得不串行运行。

1.2.1 使用阿姆达尔定律

接下来，我们介绍阿姆达尔定律。阿姆达尔定律实际上就是一个简单的数字公式，用于估计将串行程序的某些代码放到多个处理器上并行执行时可能带来的潜在速度增益。为了便于理解，我们沿用建造房子的例子来介绍该定律。

在前面的例子中，整个工期仅与房子的实际物理建造过程有关，但现在，我们把设计房子的时间也考虑进来。假设世界上只有一个人有能力设计你的房子——这个人就是你，并且设计房屋需要 100 小时。地球上没有人能与你的设计才华相提并论，所以这部分任务根本不可能由其他建筑师来分担——也就是说，不管你有什么样的资源，无论你能聘请多少人，设计这所房子都需要 100 小时。所以，如果你只聘请 1 个工人，建造这座房子所需要的全部时间就是 200 小时——你设计房子需要 100 小时，1 个工人建造房子需要 100 小时。如果你聘请 2 个工人，则需要 150 小时——设计房子的时间仍然是 100 小时，而建造房子仅需要 50 小时。显然，建造房子的总时间的计算公式为 100+100/*N*，其中 *N* 是聘请的工人数量。

现在回过头来想想，如果我们聘请 1 个工人，建造房子需要多长时间——它最终决定了聘请更多工人时的加速比，也就是说，这个过程变快了多少倍。如果我们聘请 1 名工人，就会发现设计和建造房子所需的时间是相同的，即 100 小时。所以，我们可以说，设计房子的时间占比是 0.5（50%），建造房子的时间占比是 0.5（50%）——当然，这两个部分加起来是 1，也就是 100%。当增加工人时，我们希望对此进行比较——如果我们有 2 个工人，建造房子时间将减少一半。所以，与初始串行版本相比，这将花费原时间的 0.5 + 0.5 / 2 = 0.75（75%），而 0.75 × 200 为 150 小时。我们可以看到，聘请更多工人的方法是行之有效的。此外，如果聘请 *N* 个工人，我们可以计算出 *N* 个工人并行施工所需时间占原时间的比例，具体计算公式为 0.5 + 0.5/*N*。

现在，让我们确定通过增加工人而获得的加速比。如果我们有 2 个工人，建造一所房子需要原时间的 75%，那么可以用 0.75 的倒数来确定并行化的加速比——也就是说，加速比将是 1/0.75，比只有 1 个工人时的速度约快 1.33 倍。在这种情况下，如果我们聘请 *N* 个工人，加速比将变为 1/(0.5+0.5 /*N*)。

随着聘请更多的工人（*N* 更大），0.5/*N* 将接近于 0，所以当并行化这个任务时，加速比是有一个上限的，即 1/(0.5+0)=2。我们可以用估计的最大加速比除以原时间，来确定这个任务所需的绝对最小时间——200/2 = 100 小时。

刚才用来确定并行编程中的加速比的原理叫作阿姆达尔定律。使用该定律时，只需要知道原始串行程序的执行时间中，可并行化的代码的执行时间所占比例（称为 *p*），以及可用的处理器内核数量 *N*。

在这种情况下，无法并行化的代码的执行时间比例总是 1−*p*，所以我们只需要知道 *p*。

现在，我们可以用阿姆达尔定律来计算加速比（Speedup，用 *S* 表示）了，具体公式如下所示：

$$S = \frac{1}{(1-p) + p/N}$$

综上所述，阿姆达尔定律就是一个简单的公式，可以用于粗略地（非常粗略地）估计一个至少可以部分并行化的程序的潜在加速比。只要我们知道可以并行化的代码的运行时间占比（p）和运行并行化的代码的内核数量（N），就可以大致推断出是否值得为特定串行程序开发一个并行版本。

1.2.2 Mandelbrot 集

接下来，我们介绍一个非常经典的并行计算的例子，并且将在本书中多次用到这个例子—— 一个生成 Mandelbrot 集图形的算法。首先，让我们来定义 Mandelbrot 集。

对于给定的复数 c，当 $n \geqslant 0$ 时，我们可以定义这样一个递归序列，其中 $z_0 = 0$，而 $n \geqslant 1$ 时，该序列可以表示为 $z_n = z_{n-1}^2 + c$。如果 n 增加到无穷大，$|z_n|$ 仍然以 2 为界，就说 c 是 Mandelbrot 集的元素。

回想一下，我们可以将复数表示在二维笛卡儿平面上，其中 x 轴表示实数分量，y 轴表示虚数分量。因此，我们可以很容易地用一个令人印象深刻的（也是众所周知的）图形来可视化 Mandelbrot 集。这里，我们将在复笛卡儿平面上用较浅的阴影表示 Mandelbrot 集的元素，用较深的阴影表示不属于 Mandelbrot 集的元素，具体如图 1-1 所示。

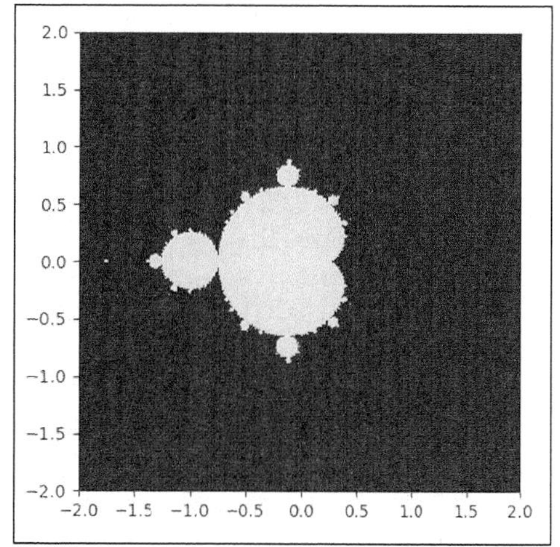

图 1-1

现在，让我们考虑一下如何用 Python 代码来生成 Mandelbrot 集。因为我们不可能检查每一个复数是否属于 Mandelbrot 集，所以必须选择检查的范围。同时，我们必须确定需要检查每个范围（由 width、height 确定）中的多少个点，还要在检查$|z_n|$时，确定 n 的最大值（`max_iters`）。接下来，我们将编写一个函数，用它来生成 Mandelbrot 集的图形——就本例来说，我们通过连续迭代图形中的每一个点来完成该任务。

首先，我们需要导入 NumPy 库，它是本书中经常用到的一个数值运算库。具体来说，这里的功能是通过 `simple_mandelbrot` 函数实现的。我们先用 NumPy 的 `linspace` 函数生成一个充当离散复平面的网格（下面的代码应该是相当简单的）：

```
import numpy as np

def simple_mandelbrot(width, height, real_low, real_high, imag_low,
```

```
imag_high, max_iters):
    real_vals = np.linspace(real_low, real_high, width)
    imag_vals = np.linspace(imag_low, imag_high, height)
    # we will represent members as 1, non-members as 0.
    mandelbrot_graph = np.ones((height,width), dtype=np.float32)
    for x in range(width):
        for y in range(height):
            c = np.complex64( real_vals[x] + imag_vals[y] * 1j )
            z = np.complex64(0)
            for i in range(max_iters):
                z = z**2 + c
                if(np.abs(z) > 2):
                    mandelbrot_graph[y,x] = 0
                    break
    return mandelbrot_graph
```

我们要添加一些代码，以便将 Mandelbrot 集的图形转储到一个 PNG 格式的文件中。为此，首先需要导入相应的库：

```
from time import time
import matplotlib
# the following will prevent the figure from popping up
matplotlib.use('Agg')
from matplotlib import pyplot as plt
```

现在，让我们添加一些代码来生成 Mandelbrot 集，将其图形转储到一个文件中，并使用 time 函数对两个操作进行计时：

```
if __name__ == '__main__':
    t1 = time()
    mandel = simple_mandelbrot(512,512,-2,2,-2,2,256, 2)
    t2 = time()
    mandel_time = t2 - t1
    t1 = time()
    fig = plt.figure(1)
    plt.imshow(mandel, extent=(-2, 2, -2, 2))
    plt.savefig('mandelbrot.png', dpi=fig.dpi)
    t2 = time()
    dump_time = t2 - t1
    print 'It took {} seconds to calculate the Mandelbrot
graph.'.format(mandel_time)
    print 'It took {} seconds to dump the image.'.format(dump_time)
```

现在，让我们运行这个程序（该程序也可以从本书配套资源的文件夹 1 下面的

Mandelbrot0.py 文件中找到），如图 1-2 所示。

```
PS C:\Users\btuom\examples\1> python mandelbrot0.py
It took 14.617000103 seconds to calculate the Mandelbrot graph.
It took 0.110999822617 seconds to dump the image.
```

图 1-2

可以看到，生成 Mandelbrot 集耗时约 14.62 秒，转储图形耗时约 0.11 秒。我们是以逐点方式生成 Mandelbrot 集的。不同点的坐标值之间并不存在依赖关系，因此生成 Mandelbrot 集实际上就是一个可并行操作。相比之下，转储图形的代码则无法并行化。

现在，让我们用阿姆达尔定律来分析一下。就本例来说，如果将相应的代码并行化，我们可以得到多大的加速比？如上所述，该程序的两个部分总共用时约 14.73 秒。我们可以并行化生成 Mandelbrot 集的代码，也就是说，可并行化的那部分代码的执行时间占比为 $p=14.62/14.73\approx0.99$。因此，这个程序可并行化比例约为 99%！

那么，我们可以获得多大的加速比呢？笔者目前用的是一台拥有 640 个内核的 GTX 1050 的笔记本电脑，使用阿姆达尔定律时，N 将是 640。所以，计算加速比的公式为

$$S=\frac{1}{0.01+0.99/640}\approx86.6$$

这个加速比的值无疑是非常好的，足以表明将算法并行化到 GPU 上的努力是非常值得的。记住，阿姆达尔定律只是给出了一个非常粗略的估计值！将计算任务转移到 GPU 上时，我们还要考虑其他因素，比如在 CPU 和 GPU 之间发送和接收数据所需的额外时间，或者转移到 GPU 上的算法只能部分并行，等等。

1.3 对代码进行性能分析

在前面的例子中，我们是通过 Python 中的标准 time 函数分别对不同的函数和组件进行计时的。虽然这种方法对于小型的程序来说比较好用，但对于调用许多不同函数的大型程序来说并不总是可行，因为大型程序中有些函数可能值得我们去并行化，但有些函数根本不值得这样做，甚至不值得在 CPU 上进行优化。本节的目标是，找到程序的瓶颈和热点——即使我们精力充沛，并且在每一个函数调用前后都应用了 time 函数，仍有

可能会遗漏一些东西；或者，会有一些我们从未考虑到的系统调用或库调用，但或许正是它们在“扯后腿”。在考虑重写代码以在 GPU 上运行之前，我们首先要找出哪些代码需要转移到 GPU 上，且必须始终牢记美国著名计算机科学家 Donald Knuth 的忠告——“过早的优化是万恶之源”。

我们将借助性能分析工具来查找代码中的瓶颈和热点。利用这些工具，我们很容易找出程序中哪些代码最为耗时，以便对其进行相应的优化。

使用 cProfile 模块

我们主要使用 cProfile 模块对示例代码进行性能分析，因为该模块是 Python 中的标准库函数。我们可以在命令行中用`-m cProfile`来运行该性能分析工具，用`-s cumtime`规定通过每个函数花费的累计运行时间来组织结果，然后用>运算符将输出重定向到文本文件。

上述方法适用于所有 Linux Bash 或 Windows PowerShell 命令行环境。

让我们运行图 1-3 所示的命令。

```
PS C:\Users\btuom\examples\1> python -m cProfile -s cumtime mandelbrot0.py > mandelbrot_profile.txt
PS C:\Users\btuom\examples\1>
```

图 1-3

现在，我们可以用自己喜欢的文本编辑器来查看文本文件的内容，如图 1-4 所示。记住，程序的输出显示在该文本文件的开头部分。

我们没有删除原示例中对 time 函数的引用，因此前两行的内容实际上是它们的输出。随后我们可以看到这个程序中各个函数调用的总次数以及这些函数的累计运行时间。

再往后是一个由程序中被调用的函数组成的列表，其中的函数按照累计运行时间由多到少的顺序进行排列。其中，第一行代表程序本身，第二行代表程序中的`simple_mandelbrot`函数。（注意，这里的累计运行时间与我们用 time 函数测得的时间是一致的。）在此之后，我们还可以看到许多与将 Mandelbrot 集图形转储到文件有关的库函数和系统调用，这些调用的耗时相对较少。因此，我们可以利用 cProfile 工具的输出结果来推断程序的瓶颈在哪里。

```
It took 14.5690000057 seconds to calculate the Mandelbrot graph.
It took 0.136000156403 seconds to dump the image.
         564104 function calls (559254 primitive calls) in 14.965 seconds

   Ordered by: cumulative time

   ncalls  tottime  percall  cumtime  percall filename:lineno(function)
        1    0.002    0.002   14.966   14.966 mandelbrot0.py:1(<module>)
        1   14.363   14.363   14.572   14.572 mandelbrot0.py:10(simple_mandelbrot)
   263606    0.209    0.000    0.209    0.000 {range}
        1    0.007    0.007    0.134    0.134 __init__.py:101(<module>)
        1    0.003    0.003    0.123    0.123 pyplot.py:17(<module>)
       12    0.017    0.001    0.119    0.010 __init__.py:1(<module>)
        1    0.000    0.000    0.097    0.097 pyplot.py:694(savefig)
        2    0.000    0.000    0.082    0.041 backend_agg.py:418(draw)
    152/2    0.000    0.000    0.081    0.041 artist.py:47(draw_wrapper)
        2    0.000    0.000    0.081    0.041 figure.py:1264(draw)
      4/2    0.000    0.000    0.080    0.040 image.py:120(_draw_list_compositing_images)
```

图 1-4

1.4 小结

与 CPU 相比，使用 GPU 的主要优势在于其吞吐量的提升，这意味着我们可以在 GPU 上同时执行比在 CPU 上更多的并行代码。但是，GPU 无法对递归算法或不能并行化的算法进行加速。有些任务，比如建造房子，其中只有部分任务是可并行化的。我们无法加快设计房子的速度（因为在这个例子中，设计房子本质上是串行的），但是可以聘请更多的工人来加快建造房子的过程（在这个例子中，建造房子是可并行化的）。

我们还用建造房子这个例子介绍了阿姆达尔定律。通过这个定律对应的公式，我们可以大致估计一个程序的速度提升潜力——知道可并行化的代码的执行时间的占比，以及可以并行运行这些代码的处理器数量。然后，我们应用阿姆达尔定律分析了一个生成 Mandelbrot 集并将其图形转储到文件的小型程序，并得出“该程序非常适合在 GPU 上并行运行”的结论。最后，我们简单介绍了如何利用 cProfile 模块对代码进行性能分析。通过这个工具，我们可以找出程序的瓶颈在哪里，不需要显式地对函数调用进行计时。

至此，我们不仅掌握了一些基本的概念，还有了学习 GPU 编程的动力。在第 2 章中，我们将介绍如何在 Linux 或 Windows 10 操作系统中搭建 GPU 编程环境。同时，我们将继续深入探索 GPU 编程的世界，并为本章中的 Mandelbrot 集程序编写一个基于 GPU 的版本。

1.5　习题

1. 在本章的 Mandelbrot 集示例代码中有 3 个 `for` 语句，但是我们只能对前两个 `for` 语句实现并行化。请问为什么不能对所有 `for` 循环实现并行化？
2. 在用阿姆达尔定律分析将一个串行 CPU 算法转移到 GPU 上的性能提升情况时，我们没有考虑哪些因素？
3. 假设你获得了 3 个新型的绝密 GPU 的独家使用权，并且这 3 个 GPU 除内核数之外，其他方面都是一样的——第一个有 131072 个内核，第二个有 262144 个内核，第三个有 524288 个内核。在将 Mandelbrot 集示例代码并行化并转移到这些 GPU 上以生成 512 像素 × 512 像素的图像时，第一个 GPU 和第二个 GPU 之间的计算时间会有差异吗？第二个 GPU 和第三个 GPU 之间呢？
4. 在应用阿姆达尔定律考量某些算法或代码块的可并行性时，你能想到哪些问题？
5. 我们为什么要使用性能分析工具？单靠 Python 的 `time` 函数来进行性能分析可以吗？

第 2 章　搭建 GPU 编程环境

接下来，我们详细介绍如何在 Windows 和 Linux 操作系统下为 GPU 编程搭建适当的环境。无论使用哪种平台，环境的搭建都需要经过多个步骤。我们将逐一介绍这些步骤，同时会悉数指出它们在 Linux 和 Windows 之间的差异。当然，如果你选定了自己的操作系统，那么完全可以跳过无关的内容。

注意，在本章中，我们只介绍基于 Intel/AMD 架构的两种操作系统——Ubuntu LTS（长期支持）版本和 Windows 10。另外，本章介绍的内容同样适用于基于 Ubuntu LTS 的 Linux 操作系统（如 Xubuntu、Kubuntu 或 Linux Mint）以及基于 Unity/GNOME 的通用 Ubuntu 版本。

我们建议你使用 Python 2.7，而非 Python 3.x。因为 Python 2.7 对本书涉及的所有库提供了稳定的支持，并且我们已经在 Windows 和 Linux 平台上使用 Python 2.7 测试了本书中的所有示例。当然，Python 3.x 用户也可以使用本书，但应该清楚 Python 2.7 和 Python 3.x 之间的差异。此外，对于书中的部分示例，我们已经在 Python 3.7 下进行了测试，但需要对某些标准函数进行相应的修改，例如需要为 Python 的 print 函数添加括号。

我们建议你使用 Anaconda Python 2.7 发行版，特别是 Windows 和 Linux 用户，因为它可以在没有管理员访问权限或 `sudo` 的情况下进行逐用户安装，该发行版提供了本书所需的全部数据科学和可视化模块，并使用了预优化的、速度更快的 NumPy/SciPy 程序包——这些程序包采用了 Intel 的数学核心函数库（Math Kernel Library，MKL）。当然，如果你喜欢使用 Linux 系统的默认安装的/usr/bin/python，也未尝不可，但必须手动安装某些程序包（例如 NumPy 和 Matplotlib）。

Anaconda Python 的 2.7 或 3.x 版本可从 Anaconda 官方网站下载。对于其他支持平台（如 macOS、Windows 7/8、Windows Server 2016、Red Hat/Fedora、OpenSUSE 和 CentOS）的用户，请参考 CUDA 的官方文档，以了解更多详细信息。

硬件方面还有许多其他选择，例如，如果你对嵌入式系统或机器人感兴趣，并且对诸如树莓派（Raspberry Pi）之类的系统有一定的经验，可能希望从基于 ARM 的 Jetson 开发板开始入手。如果你对云计算或 Web 编程感兴趣，则可能考虑远程使用相应的 Azure 或 AWS 实例。在这些情况下，我们推荐你阅读官方文档，以设置相应的驱动程序、编译器和 CUDA 工具包。这时，本章中的某些步骤可能适用，也可能不适用。

在本章中，我们将介绍下列主题：

- 确保拥有合适的硬件；
- 安装 GPU 驱动程序；
- 搭建合适的 C/C++编程环境；
- 安装 CUDA 工具包。

2.1　技术要求

本章需要用到 Anaconda Python 2.7 软件，如果你还没有安装，请登录 Anaconda 官方网站下载。

2.2　确保拥有合适的硬件

就本书而言，我们建议所用硬件至少满足以下要求：

- 基于 64 位 Intel/AMD 处理器的 PC；
- 4GB 内存；
- GTX 1050 或更高配置的 GPU。

以上配置可以确保你能够运行本书中的所有示例代码，从而顺利地学习 GPU 编程。同时，你还可以运行其他一些新的、有趣的基于 GPU 的软件，如 Google 的 TensorFlow（机器学习框架）或 Vulkan SDK（尖端图形 API）。

就本书介绍的内容来说，要求图形处理器必须是 NVIDIA 的！CUDA Toolkit 是 NVIDIA 显卡的专有软件，无法用于 Intel HD 或 Radeon GPU 编程。

如前所述，我们假设你使用的操作系统是 Windows10 或 Ubuntu LTS 版本。通常来说，Ubuntu LTS 版本的版本号的一般形式为 14.04、16.04、18.04 等。Ubuntu LTS 基本上可以说是目前最流行的 Linux 版本，所以使用它的好处是：能够与新型软件和工具包保持最大的兼容性。还有许多基于 Ubuntu 的其他 Linux 版本，例如 Linux Mint 或 Xubuntu，它们也非常好用。（就我个人观察，Linux Mint 在配备 GPU 的笔记本电脑上运行良好。）

需要说明的是，假设你至少要有入门级的 GTX 1050（Pascal）GPU 或新型架构同级别的 GPU。注意，虽然本书中的许多示例很可能也适用于大多数较旧型号的 GPU，但它们仅在笔者的 GTX 1050（在 Windows 10 系统下）和 GTX 1070（在 Linux 系统下）上做过测试。虽然这些示例代码尚未在较旧型号的 GPU 上进行测试，但对于 2014 年发行的 Maxwell 架构 GPU（如 GTX 750）来说，性能也应该足够了。

如果你使用的是台式计算机，在阅读后续章节之前，请按照下面的说明进行检查，以确保真正安装了 GPU。

2.2.1　检查硬件（Linux 系统）

现在，我们介绍如何在 Linux 系统中检查是否已经安装了必要的硬件。

首先，请打开一个终端并进入 Bash 命令行环境——使用 Ubuntu 系统的用户可以通过 Ctrl+Alt+T 组合键来完成这一任务。

接下来，输入 `lscpu` 命令并按 Enter 键，来查看处理器相关信息。这时，屏幕上会出现很多信息，但只需检查第一行，看看其体系结构是否为 x86_64 即可，如图 2-1 所示。

```
Architecture:          x86_64
CPU op-mode(s):        32-bit, 64-bit
Byte Order:            Little Endian
CPU(s):                12
On-line CPU(s) list:   0-11
Thread(s) per core:    2
Core(s) per socket:    6
Socket(s):             1
NUMA node(s):          1
Vendor ID:             GenuineIntel
```

图 2-1

然后，在 Bash 提示符下输入 `free -g` 命令，并按 Enter 键，检查内存容量。实际上，内存容量将显示在第一行的第一个条目中，而交换空间的大小则在下一行显示，如图 2-2 所示。

```
              total        used        free      shared  buff/cache   available
Mem:             15           3           9           0           2          12
Swap:             5           0           5
```

图 2-2

可以看到，这里的内存容量已经够用了。

最后，让我们看看是否安装了合适的 GPU。众所周知，NVIDIA GPU 是通过 PCI 总线与 PC 进行通信的，因此我们可以使用 lspci 命令查到所有 PCI 硬件。这时，通常会列出很多其他硬件的信息，我们可以通过 grep 命令进行过滤，使其仅显示 NVIDIA GPU 相关的信息。为此，只需在 Bash 提示符下执行 `lspci | grep -e "NVIDIA"`命令，如图 2-3 所示。

```
01:00.0 VGA compatible controller: NVIDIA Corporation GP104M [GeForce GTX 1070 Mobile] (rev a1)
```

图 2-3

可以看到，该机器中安装的是 GTX 1070 GPU，而我们的最低要求是 GTX 1050 GPU，显然是绰绰有余的。

2.2.2　检查硬件（Windows 系统）

首先，我们需要打开 Windows 控制面板。为此，请按 Windows+R 组合键，然后在提示符后面输入 `Control Panel` 命令，如图 2-4 所示。

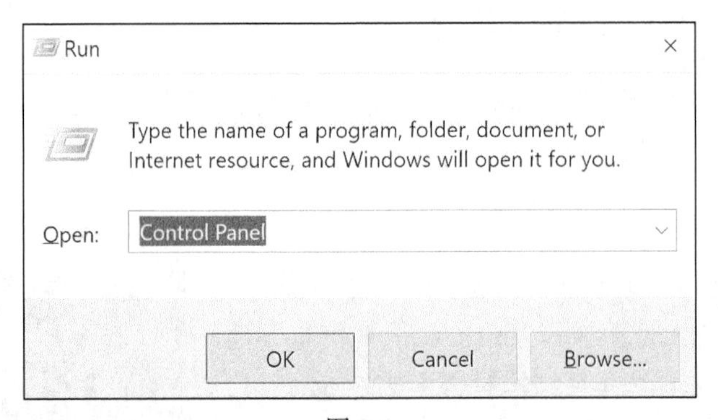

图 2-4

执行上述操作后，将弹出 Windows 控制面板。现在，单击 System and Security，然后在打开的界面中选择 System，就可以查看内存的容量以及处理器是否为 64 位，如图 2-5 所示。

要查看 GPU 相关信息，请单击该窗口左上角的 Device Manager。

这时将弹出 Device Manager 窗口，然后选择 Display adapters，以查看系统中的 GPU 信息，如图 2-6 所示。

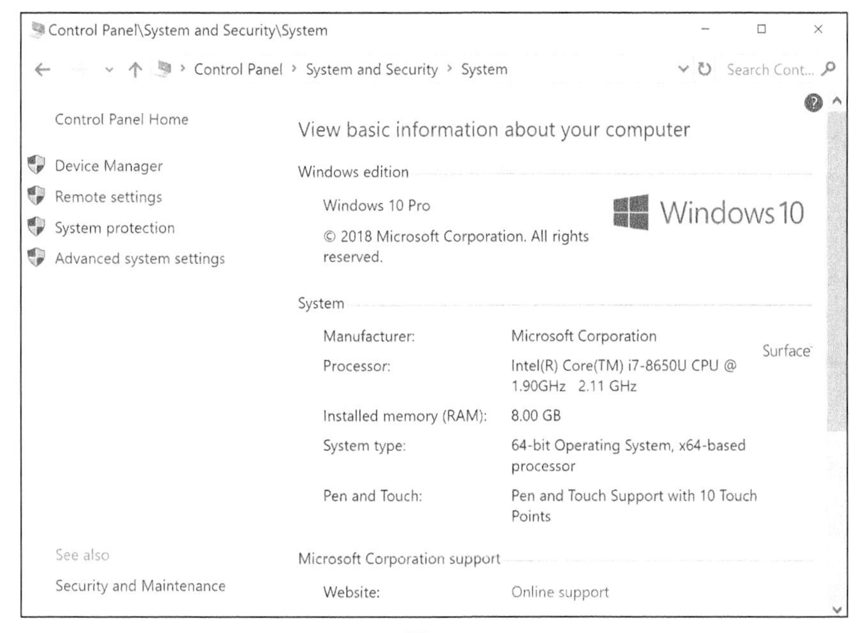

图 2-5

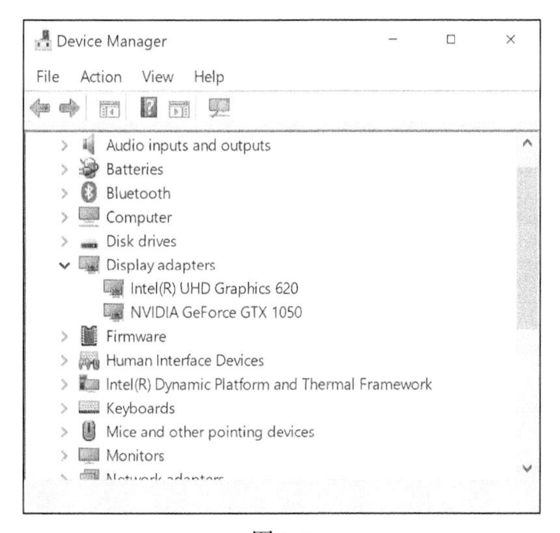

图 2-6

2.3 安装 GPU 驱动程序

如果系统已经安装了 GPU 的驱动程序，则这一步骤可以忽略。此外，某些版本的

CUDA 会附带最新的驱动程序。通常，CUDA 对安装的驱动程序是非常挑剔的，甚至可能无法与 CUDA Toolkit 的驱动程序一起工作，因此，在找到一个可以正常使用的驱动程序之前，你可能要经过多次尝试。

一般来说，Windows 系统比 Linux 系统具有更好的 CUDA 驱动程序兼容性，其安装方式对用户也更加友好。因此，Windows 用户可以考虑跳过该步骤，使用随 CUDA Toolkit 一起安装的驱动程序即可。关于该工具包的安装方法，我们将在后文详细介绍。但是，我们强烈建议 Linux 用户（特别是 Linux 笔记本电脑用户）严格按照本节介绍的所有步骤进行操作。

2.3.1　安装 GPU 驱动程序（Linux 系统）

在 Ubuntu 系统（一种 Linux 操作系统）中，NVIDIA GPU 的默认驱动程序是一个名为 Nouveau 的开源驱动程序。遗憾的是，该程序根本不适用于 CUDA，因此你必须安装专有的驱动程序。在此之前，你需要先将 graphics-drivers 存储库添加到软件包管理器中，只有这样，才能将专有的驱动程序下载到 Ubuntu 系统中。要添加该存储库，请在 Bash 命令行中执行以下命令：

```
sudo add-apt-repository ppa:graphics-drivers/ppa
```

这是一条要求 sudo 超级用户权限的命令，因此你必须输入密码。然后，通过执行下列命令来实现系统与新存储库的同步：

```
sudo apt-get update
```

至此，安装驱动程序的准备工作就大功告成了。在 Ubuntu 系统的桌面上，按 Windows+R 组合键，然后输入 software and drivers，如图 2-7 所示。

图 2-7

这时，Software & Updates 窗口将显示在界面上。单击 Additional Drivers 选项卡后，会看到一系列适用于本机 GPU、稳定版本的专有驱动程序。这时，我们可以选择其中最新版本的驱动程序（就本例来说，即 nvidia-driver-396，如图 2-8 所示）。

选择最新的驱动程序后，单击 Apply Changes 按钮。之后，系统将再次提示你输入 sudo 密码。一旦输入正确的密码，系统就会开始安装驱动程序，并显示一个进度条。注意，安装过程可能需要很长一段时间，并且你的计算机可能会“挂起”，某些情况下，安装过程可能需要一个多小时，请耐心等待。

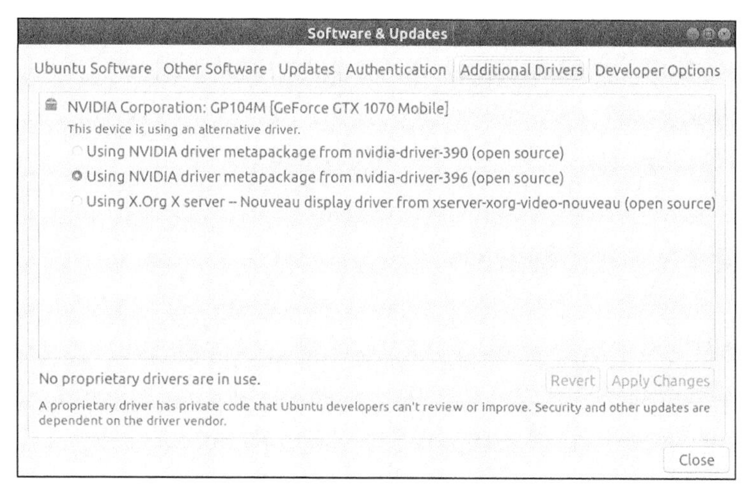

图 2-8

上述过程完成后，重启计算机并返回 Ubuntu 桌面。接着，按 Windows+A 组合键，然后输入 `nvidia-settings`（或者在 Bash 命令行运行该命令）。这时，NVIDIA X Server Settings 窗口将显示在界面上，并显示当前使用的驱动程序的版本，如图 2-9 所示。

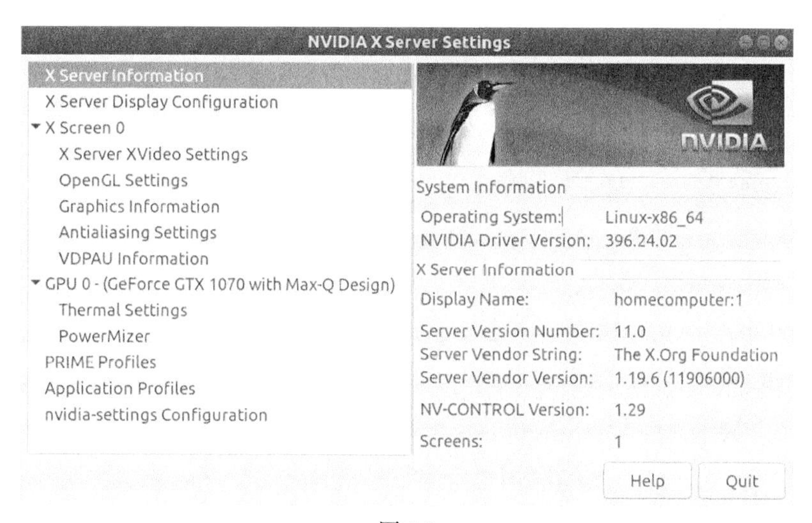

图 2-9

2.3.2　安装 GPU 驱动程序（Windows 系统）

再次重申——建议你跳过在 Windows 操作系统中安装 GPU 驱动程序这一步骤，然后安装 CUDA Toolkit 附带的驱动程序。

Windows 的最新驱动程序可直接从 NVIDIA 官方网站下载。打开该页面后，直接从下拉菜单中选择适合 GPU 的 Windows 10 驱动程序（这些驱动程序都是.exe 文件），然后在文件管理器中双击下载的文件，即可安装相应的驱动程序。

2.4　搭建 C++编程环境

现在，我们已经安装好了驱动程序，接下来需要搭建 C/C++编程环境。Python 和 CUDA 对编译器和集成开发环境（Integrated Development Environment，IDE）都非常挑剔，因此我们需要格外注意其设置。对于 Ubuntu 用户来说，标准的存储库编译器和 IDE 通常可以与 CUDA Toolkit 完美配合，而 Windows 用户可能需要付出更多的努力。

2.4.1　设置 GCC、Eclipse IDE 和图形处理库（Linux 系统）

首先，请从 Ubuntu 桌面打开终端（按 Ctrl+Alt+T 组合键）。然后，更新 apt 存储库，具体命令如下所示：

```
sudo apt-get update
```

现在，通过下面的命令来安装 CUDA 所需的各种依赖库：

```
sudo apt-get install build-essential binutils gdb eclipse-cdt
```

其中，build-essential 是包含 GCC 和 G++编译器的软件包，同时还提供了 make 等其他实用程序；binutils 则提供了一些经常使用的工具，例如 LD 链接器；gdb 是调试器，而 eclipse-cdt 表示 Eclipse 是本书示例中使用的 IDE。

我们还需要安装其他一些依赖项，以便可以运行 CUDA Toolkit 中提供的一些图形处理（OpenGL）演示代码，故需要执行下列命令：

```
sudo apt-get install freeglut3 freeglut3-dev libxi-dev libxmu-dev
```

现在，我们就可以开始安装 CUDA Toolkit 了。

2.4.2　设置 Visual Studio（Windows 系统）

在撰写本书时，只有 Visual Studio 2015（即 Visual Studio 的 14.0 版本）能够与 Python

和最新的 CUDA Toolkits 实现完美的集成。

虽然在更高版本的 Visual Studio（例如，Visual Studio 2017）下可以进行后续安装，但我们建议你直接在系统上安装提供 C/C++支持的 Visual Studio 2015。Visual Studio Community 2015 是 Visual Studio 2015 的免费版本。

在这里，我们将进行最低限度的安装：只要能够提供 CUDA 的必要组件。

因此，在运行安装软件时，我们将选择 Custom 类型，如图 2-10 所示。

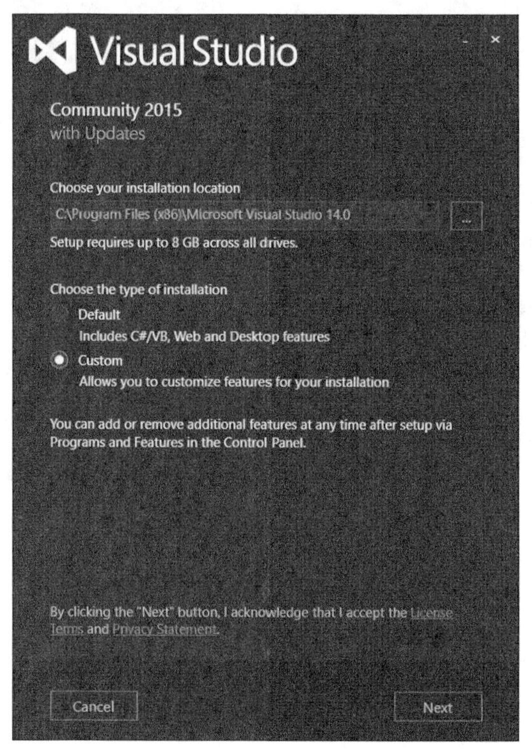

图 2-10

单击 Next 按钮，然后打开 Programming Languages 的下拉框，选择 Visual C++（当然，你也可以根据自己的需要随意选择其他程序包或编程语言，但就 GPU 编程来说，有 Visual C++就够用了），如图 2-11 所示。

安装过程需要一些时间，请耐心等待。安装完成后，我们就可以开始安装 CUDA Toolkit 了。

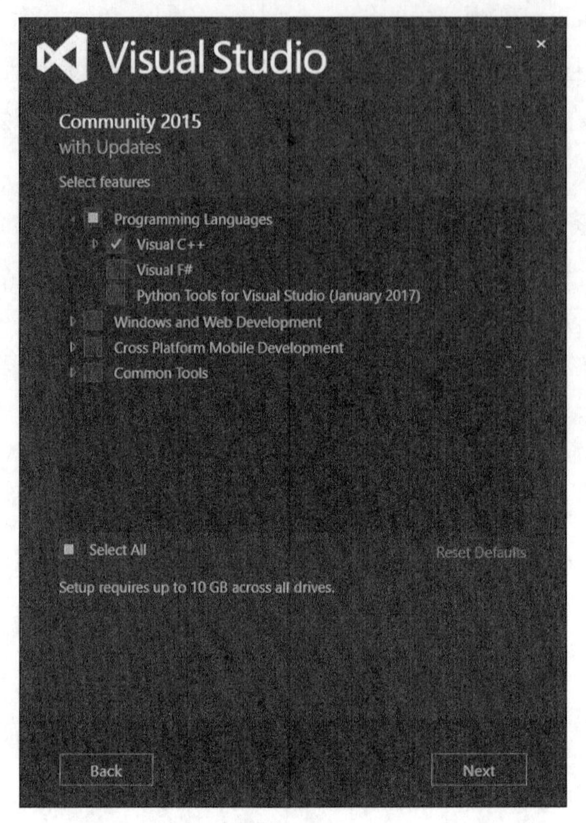

图 2-11

2.4.3　安装 CUDA Toolkit

好了，终于可以安装 CUDA Toolkit 了！首先，请下载相应的 CUDA Toolkit。CUDA Toolkit 支持多种操作系统，所以你要根据自身的情况进行选择。对于 Windows 和 Linux 系统来说，你既可以使用本地安装方式，也可以使用网络安装方式。如果你使用的是 Windows 或 Linux 系统，那么我们建议使用本地安装方式，因为这样可以预先下载整个安装包，这样做的好处是，在安装 CUDA Toolkit 的过程中，不用担心任何网络故障。

1. 安装 CUDA Toolkit（Linux 系统）

Linux 用户可以选择使用`.deb`程序包或.run 文件进行安装，大多数用户应使用`.deb`程序包，因为它能自动安装 CUDA 所需的依赖项。注意，`.run`文件的安装过程独立于系统的高级软件包工具（Advanced Package Tool，APT），它实际上仅将相应的文件复制到系统的/usr 的二进制文件和库目录中。如果你不想干扰系统的 APT 或存储库，并且对 Linux 有很好的理解，那么.run 文件可能更合适你。无论如何，请务必严格按照网站提供的安装软件包的相关说明进行操作，这些说明可能随版本的不同而略有差别。

安装好程序包后，你还需要配置 PATH 和 LD_LIBRARY_PATH 环境变量，以便系统可以找到 CUDA 所需的相应二进制可执行文件和库文件。请在用户目录中的.bashrc 文件的末尾添加下面的命令。你可以使用自己喜欢的文本编辑器（如 gedit、nano、Emacs 或 Vim）打开~/.bashrc 文件，并在文件末尾添加以下内容：

```
export PATH="/usr/local/cuda/bin:${PATH}
export LD_LIBRARY_PATH="/usr/local/cuda/lib64:${LD_LIBRARY_PATH}"
```

保存文件，然后退出终端。现在，打开新终端，输入 nvcc --version 命令，然后按 Enter 键。这时，如果看到屏幕显示工具包的编译器的版本信息，说明安装成功了。注意，NVCC 是命令行形式的 CUDA C 编译器，类似于 GCC 编译器。

2. 安装 CUDA Toolkit（Windows 系统）

Windows 用户可以通过双击.exe 文件并按照屏幕上显示的提示来安装软件包。

安装完成后，重启系统。之后，我们可以通过检查 NVCC 编译器来确保正确安装了 CUDA。在 Start 菜单下，单击 Visual Studio 2015，然后单击 VS2015 x64 Native Tools Command Prompt。待界面中弹出一个终端窗口后，输入 nvcc --version 命令并按 Enter 键，这时这个 NVIDIA 编译器的版本信息将显示在终端窗口中。

2.5 为 GPU 编程设置 Python 环境

正确安装好相应的编译器、IDE 和 CUDA Toolkit 之后，你就可以为 GPU 编程设置相应的 Python 环境了。在此，我们仍有很多选择，但强烈建议你使用 Anaconda Python 发行版。Anaconda Python 是一个独立且用户友好的发行版，可以直接安装到用户目录中，而且在安装、使用和更新过程中，无须管理员或 sudo 级别的系统访问权限。

记住，Anaconda Python 有两种版本：Python 2.7 和 Python 3.x。在编写本书时，Python 3.x 对某些库的支持尚不完善，因此这里我们选择 Python 2.7，毕竟它的应用范围更加广泛。

要安装 Anaconda Python，请登录 Anaconda 官方网站，选择相应的操作系统，然后选择下载 Python 2.7 的发行版，之后按照 Anaconda 网站上的安装说明，即可轻松完成安装过程。现在，我们就可以为 GPU 编程设置本地 Python 环境了。

下面我们要安装的是对本书来说最为重要的一个 Python 程序包，即 Andreas Kloeckner 提供的 PyCUDA 包。

2.5.1　安装 PyCUDA（Linux 系统）

在 Linux 系统中打开命令行终端，然后检查一下 PATH 变量是否配置为使用 Anaconda 本地安装的 Python（而不是系统安装的 Python）。为此，请在 Bash 提示符下输入 which python 命令并按 Enter 键（Anaconda 会在安装期间自动配置.bashrc）。如果配置正确，那么看到的 Python 二进制文件应该位于本地的`~/anaconda2/bin` 目录中，而非`/usr/bin` 目录中。如果看到的是后面一种情况，可以利用文本编辑器在`~/.bashrc` 文件的末尾添加一行内容：

```
export PATH="/home/${USER}/anaconda2/bin:${PATH}"
```

保存文件后，打开一个新的命令行终端，重新进行检查。

实际上，安装 PyCUDA 的方式也有很多种，其中最简单的一种安装方法就是，执行 pip install pycuda 命令，通过 PyPI 存储库安装最新的稳定版本。你也可以按照 PyCUDA 官方网站上的说明来安装最新版本的 PyCUDA。注意，在重新安装 PyCUDA 之前，请务必用 pip uninstall pycuda 命令将其卸载。

2.5.2　创建环境启动脚本（Windows 系统）

要使用 PyCUDA，Windows 用户需要对 Visual Studio 和 Anaconda Python 的环境变量进行适当的设置，否则 Python 将无法找到 CUDA 编译器 NVCC 或 Microsoft 的 C++ 编译器 cl.exe。幸运的是，我们可以通过批处理脚本自动设置这些环境变量，但需要注意，每次进行 GPU 编程时，都要运行这些脚本。因此，我们可以创建一个批处理脚本，通过先后调用另外两个脚本来启动合适的 IDE，并通过命令行设置环境变量。

请务必先打开 Windows 记事本，然后按照以下步骤操作。首先，找到 Visual Studio 的 vcvarsall.bat 文件所在位置，在 Visual Studio 2015 中，这个文件位于 C:\Program Files (x86)\Microsoft Visual Studio 14.0\VC\vcvarsall.bat。

在文本编辑器中输入下列命令并按 Enter 键：

```
call "C:\Program Files (x86)\Microsoft Visual Studio 14.0\VC\vcvarsall.bat"
amd64
```

接下来，我们需要调用 Anaconda 的 activate.bat 脚本来设置 Anaconda Python 环境变量。通常情况下，该文件位于标准路径是 Anaconda2\Scripts\activate.bat。我们还必须通过一个参数为该脚本指出 Anaconda 库的路径。

就启动脚本来说，第二行的内容为 `call "C:\Users\%username%\Anaconda2\Scripts\activate.bat" C:\Users\%username%\Anaconda2`。

之后，通过批处理脚本的最后一行命令来启动指定的编程环境——命令行环境或 IDE，并继承前面两个脚本设置的环境变量和系统变量。如果你喜欢老式的标准 DOS 风格的命令，那么最后一行命令应该是 cmd。如果你希望使用 PowerShell，请将其改为 powershell。在某些情况下，我们必须使用命令行，特别是更新 Python 库时，因为这时需要运行 pip 和 conda 命令。

最后，我们将该文件命名为 launch-python-cudaenvironment.bat，并将其保存到桌面。这样，只需双击这个文件就能启动 Python GPU 编程环境了。

记住，如果你希望使用 Jupyter Notebook 或 Spyder Python IDE，只需在命令行中手动执行 jupyter-notebook 或 spyder 命令。你也可以制作一个批处理脚本，用适当的 IDE 启动命令替换 cmd 即可。

2.5.3 安装 PyCUDA（Windows 系统）

大多数 Python 库主要由 Linux 用户编写，同时也主要是供 Linux 用户使用的，因此我们建议你从 Christoph Gohlke 的站点下载并安装一个预构建的 PyCUDA wheel 二进制文件。

请下载名为 pycuda-2017.1.1+cuda(VERSION)-cp27-cp27m-win_amd64.whl 的文件，其中的 VERSION 是指 CUDA 版本号。之后，在命令行中执行以下命令，就可安装 PyCUDA 了：

```
pip install pycuda.whl
```

其中，请将 pycuda.whl 替换为之前下载的 PyCUDA wheel 文件的完整路径和文件名（你还可以执行 pip install 命令，通过 PyPI 存储库安装 PyCUDA，或按照 PyCUDA 网站上的相关说明进行安装。）

2.5.4 测试 PyCUDA

最后，我们需要测试一下搭建的 GPU 编程环境是否能够正常工作。为此，我们可以运行一个查询 GPU 相关信息的程序（见第 3 章），以获取 GPU 型号、内存容量、内核数量、体系结构等信息。我们可以从配套资源中名为 3 的目录中获取该 Python 文件（deviceQuery.py）。

Windows 系统用户一定要通过从桌面启动之前创建的.bat 文件来启动 GPU 编程环境。Linux 系统用户则将打开 Bash 终端，输入 python deviceQuery.py 命令并按 Enter 键，以启动 GPU 编程环境。

这时系统将显示多行信息，其中第三行表明 GPU 已被 PyCUDA 检测到，最后一行显示 GPU 的具体型号，如图 2-12 所示。

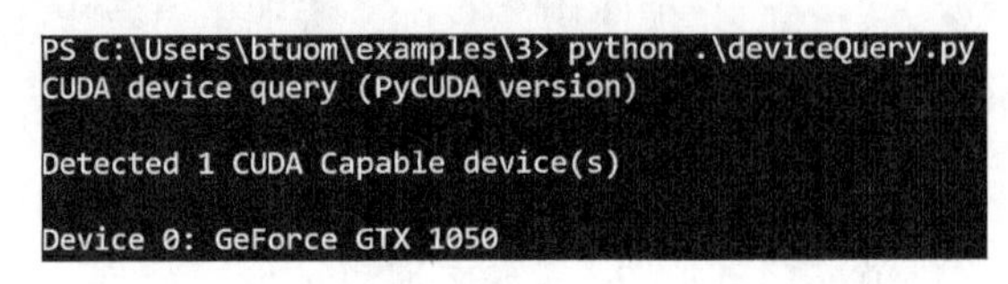

图 2-12

至此，为进入 GPU 编程世界所做的准备一切就绪了！

2.6　小结

为 GPU 编程设置 Python 环境可能是一个非常棘手的过程。无论你是 Windows 用户还是 Linux 用户，我们都建议使用 Anaconda Python 2.7 发行版。首先，你应该确保有合适的 GPU 编程硬件：一般来说，具有 4 GB RAM 的 64 位 Windows 或 Linux PC 以及 2016 年及以后发行的 NVIDIA GPU，就可以满足需求。Windows 用户在选择适用于 CUDA Toolkit 和 Anaconda 的 Visual Studio 版本（如 Visual Studio 2015）时，应该格外注意。Linux 用户在安装 GPU 驱动程序并通过.bashrc 文件来设置适当的环境变量时应倍加注意。

此外，Windows 用户应该创建一个合适的启动脚本来设置 GPU 编程环境，并且最好使用预编译的 wheel 文件来安装 PyCUDA 库。

在本章中，我们介绍了如何搭建编程环境。在第 3 章中，我们将介绍 GPU 编程的基础知识，包括如何在 GPU 的内存中写入和读取数据，以及如何利用 CUDA C 语言来编写简单的 GPU 函数。（如果你看过 20 世纪 80 年代的经典电影 *The Karate Kid*，则不妨将第 3 章中的内容看作 GPU 编程的“打蜡、去蜡”阶段。）

2.7 习题

1. 我们可以在主处理器的板载 Intel HD GPU 上运行 CUDA 吗？在独立的 AMD Radeon GPU 上呢？
2. 本书中的示例代码用的是 Python 2.7，还是 Python 3.7？
3. 在 Windows 系统中，用什么程序来查看所安装的 GPU 硬件？
4. 在 Linux 系统中，用什么命令行程序来查看所安装的 GPU 硬件？
5. 在 Linux 系统中，用什么命令来查看系统内存大小？
6. 如果不想改变 Linux 系统的 APT 存储库的话，那么应该使用 CUDA 的.run 文件，还是.deb 程序包呢？

第 3 章　PyCUDA 入门

在第 2 章中，我们介绍了如何搭建编程环境。现在，驱动程序和编译器已经准备就绪，让我们将进入实际的 GPU 编程环节！我们首先介绍如何使用 PyCUDA 完成一些基本的运算。为此，我们将编写一个小巧的 Python 程序，用于查询 GPU 的相关指标，例如内核数量、体系结构以及内存容量等。接着，我们讲解如何使用 PyCUDA 的 `gpuarray` 类在 Python 和 GPU 之间传输内存数据，以及如何使用该类进行基本的运算。最后，我们将展示如何编写可以直接在 GPU 上运行的基本函数（我们将其称为 **CUDA 内核函数**）。

在本章中，我们将介绍下列主题：

- 使用 PyCUDA 确定 GPU 规格参数，如内存容量或内核数量；
- 主机（CPU）和设备（GPU）内存之间的区别，以及如何使用 PyCUDA 的 `gpuarray` 类在主机和设备之间传输数据；
- 如何仅借助 `gpuarray` 对象进行基本的运算；
- 如何使用 PyCUDA 的 `ElementwiseKernel` 函数在 GPU 上完成基本的逐元素运算；
- 函数式编程的两个基本概念——规约和扫描运算，以及如何利用 CUDA 内核函数实现简单的规约或扫描操作。

3.1　技术要求

在本章中，我们需要用到配备了 NVIDIA GPU（2016 年以后的版本）的 Linux 或 Windows 10 计算机，并且需要安装好所有必需的 GPU 驱动程序和 CUDA Toolkit（9.0 以上的版本）软件。

3.2 查询 GPU

在开始 GPU 编程之前，我们首先需要通过所谓的 **GPU 查询**来准确了解其技术能力和限制。实际上，GPU 查询是一个非常基本的操作，用于显示 GPU 的各种规格参数，例如内存容量和内核数量等。NVIDIA 提供了一个用纯 CUDA C 编写的命令行示例 `deviceQuery`，它位于 `samples` 目录（适用于 Windows 系统和 Linux 系统），我们可以通过运行它来进行查询。下面让我们来看看该示例在 Windows 10 笔记本电脑（带有 GTX 1050 GPU 的 Microsoft Surface Book 2）上的运行结果，如图 3-1 所示。

```
PS C:\ProgramData\NVIDIA Corporation\CUDA Samples\v9.1\bin\win64\Debug> .\deviceQuery.exe
C:\ProgramData\NVIDIA Corporation\CUDA Samples\v9.1\bin\win64\Debug\deviceQuery.exe Starting...

 CUDA Device Query (Runtime API) version (CUDART static linking)

Detected 1 CUDA Capable device(s)

Device 0: "GeForce GTX 1050"
  CUDA Driver Version / Runtime Version          9.1 / 9.1
  CUDA Capability Major/Minor version number:    6.1
  Total amount of global memory:                 2048 MBytes (2147483648 bytes)
  ( 5) Multiprocessors, (128) CUDA Cores/MP:     640 CUDA Cores
  GPU Max Clock rate:                            1493 MHz (1.49 GHz)
  Memory Clock rate:                             3504 Mhz
  Memory Bus Width:                              128-bit
  L2 Cache Size:                                 524288 bytes
  Maximum Texture Dimension Size (x,y,z)         1D=(131072), 2D=(131072, 65536), 3D=(16384, 16384, 16384)
  Maximum Layered 1D Texture Size, (num) layers  1D=(32768), 2048 layers
  Maximum Layered 2D Texture Size, (num) layers  2D=(32768, 32768), 2048 layers
  Total amount of constant memory:               65536 bytes
  Total amount of shared memory per block:       49152 bytes
  Total number of registers available per block: 65536
  Warp size:                                     32
  Maximum number of threads per multiprocessor:  2048
  Maximum number of threads per block:           1024
  Max dimension size of a thread block (x,y,z): (1024, 1024, 64)
  Max dimension size of a grid size    (x,y,z): (2147483647, 65535, 65535)
  Maximum memory pitch:                          2147483647 bytes
  Texture alignment:                             512 bytes
  Concurrent copy and kernel execution:          Yes with 2 copy engine(s)
  Run time limit on kernels:                     No
  Integrated GPU sharing Host Memory:            No
  Support host page-locked memory mapping:       Yes
  Alignment requirement for Surfaces:            Yes
  Device has ECC support:                        Disabled
  CUDA Device Driver Mode (TCC or WDDM):         WDDM (Windows Display Driver Model)
  Device supports Unified Addressing (UVA):      Yes
  Supports Cooperative Kernel Launch:            No
  Supports MultiDevice Co-op Kernel Launch:      No
  Device PCI Domain ID / Bus ID / location ID:   0 / 2 / 0
  Compute Mode:
     < Default (multiple host threads can use ::cudaSetDevice() with device simultaneously) >

deviceQuery, CUDA Driver = CUDART, CUDA Driver Version = 9.1, CUDA Runtime Version = 9.1, NumDevs = 1
Result = PASS
```

图 3-1

下面我们来介绍一下其中的重要参数。首先，这里只有一个 GPU，即 Device 0——

实际上，一台主机可以安装使用多个 GPU 设备，这时 CUDA 会为每个 **GPU 设备**分配一个单独的编号。在某些情况下，我们可能必须指定具体的设备编号，因此最好知道各个 GPU 的设备编号。同时，这里还可以看到 GPU 的具体型号（本例为 GTX 1050）以及当前使用的 CUDA 的版本号。这里还要注意另外两个参数：内核数量（这里为 640）；设备上的全局内存容量（本例中为 2048MB，即 2GB）。

deviceQuery 程序的输出结果含有大量的技术细节，但我们刚接触一个新 GPU 的时候，最需要关注的两个参数就是内核数量和内存容量，因为它们与新设备的性能息息相关。

使用 PyCUDA 查询 GPU

现在，我们将编写一个 Python 脚本来实现 deviceQuery 程序的功能，就此开启我们的 GPU 编程之旅。在这里，我们主要关注设备的算力、可用内存容量、多处理器的数量以及 CUDA 内核数量。

首先，我们需要初始化 CUDA，具体代码如下所示：

```
import pycuda.driver as drv
drv.init()
```

请务必初始化 PyCUDA——可以使用 pycuda.driver.init() 或通过 import pycuda.autoinit 导入 PyCUDA 的 autoinit 子模块来完成这一任务！

之后，我们就可以通过下面的代码来检查主机上 GPU 设备的数量了：

```
print 'Detected {} CUDA Capable device(s)'.format(drv.Device.count())
```

我们可以在 IPython 中输入上述代码，并查看其输出结果，如图 3-2 所示。

```
In [8]: import pycuda.driver as drv

In [9]: drv.init()

In [10]: print 'Detected {} CUDA Capable device(s)'.format(drv.Device.count())
Detected 1 CUDA Capable device(s)
```

图 3-2

太棒了！根据输出结果，我们可以确定这台笔记本电脑上的确有一个 GPU。现在，让我们添加更多的代码，以获取与该 GPU（以及系统上任何其他 GPU）有关的更多信息。为此，我们可以使用 pycuda.driver.Device（由数字索引）来遍历所有可单独访问的设备。其中，设备的名称（例如，GeForce GTX 1050）由 name 函数给出。然后，我们就可以使用 compute_capability 函数来获取设备的**算力**，并通过设备的 total_memory 函数来获得设备的内存容量了。

算力可以看作每个 NVIDIA GPU 架构的**版本号**。这将为我们提供一些关于该设备的重要信息，而这些信息通常无法通过查询获得，这一点稍后就会看到。

具体的代码如下：

```
for i in range(drv.Device.count()):
     gpu_device = drv.Device(i)
     print 'Device {}: {}'.format( i, gpu_device.name() )
     compute_capability = float( '%d.%d' % gpu_device.compute_capability()
)
     print '\t Compute Capability: {}'.format(compute_capability)
     print '\t Total Memory: {}
megabytes'.format(gpu_device.total_memory()//(1024**2))
```

上述代码可以帮我们考察 GPU 的其他属性，准确来说，PyCUDA 将以 Python 字典类型的形式给出这些属性。接下来，我们使用下面的代码将其转换为由表示属性的字符串索引的字典：

```
device_attributes_tuples = gpu_device.get_attributes().iteritems()
 device_attributes = {}
 for k, v in device_attributes_tuples:
     device_attributes[str(k)] = v
```

现在，我们可以通过下列代码来确定设备上**多处理器**的数量：

```
num_mp = device_attributes['MULTIPROCESSOR_COUNT']
```

GPU 会将其单独的内核组织成更大的单元——**流式多处理器**（Streaming Maltiprocessor，SM）。GPU 设备通常具有许多 SM，每个 SM 具有特定数量的 CUDA 内核，具体数量取决于设备的算力。注意，每个 SM 的内核数量不是由 GPU 直接标识的，而是通过算力间接给出的。因此，要想确定每个 SM 的内核数量，必须查阅相关技术文档，参见 NVIDIA 官方网站。然后，我们可以创建一个包含每个 SM 的内核数量的查找表，这样就可以使用 compute_capability 变量查找内核数量了：

```
    cuda_cores_per_mp = { 5.0 : 128, 5.1 : 128, 5.2 : 128, 6.0 : 64, 6.1 :
128, 6.2 : 128}[compute_capability]
```

现在，将这两个数字相乘，我们就可以算出该设备的内核数量了：

```
    print '\t ({}) Multiprocessors, ({}) CUDA Cores / Multiprocessor: {}
CUDA Cores'.format(num_mp, cuda_cores_per_mp, num_mp*cuda_cores_per_mp)
```

最后，只要迭代字典中的其余键并输出相应的值，我们的程序就大功告成了：

```
device_attributes.pop('MULTIPROCESSOR_COUNT')
 for k in device_attributes.keys():
    print '\t {}: {}'.format(k, device_attributes[k])
```

至此，第一个真正意义上的 GPU 程序终于写好了！我们可以通过下列方式来运行它，如图 3-3 所示。

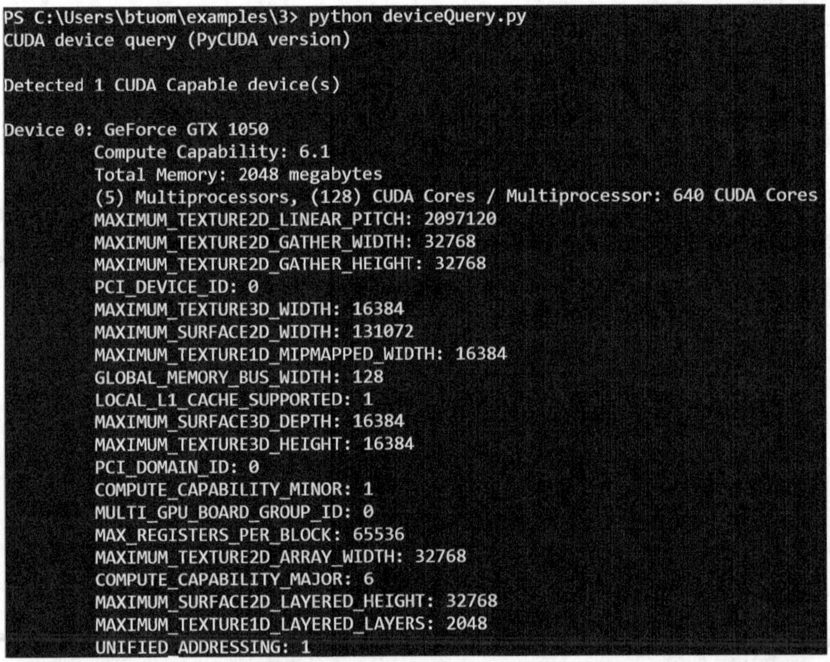

```
PS C:\Users\btuom\examples\3> python deviceQuery.py
CUDA device query (PyCUDA version)

Detected 1 CUDA Capable device(s)

Device 0: GeForce GTX 1050
         Compute Capability: 6.1
         Total Memory: 2048 megabytes
         (5) Multiprocessors, (128) CUDA Cores / Multiprocessor: 640 CUDA Cores
         MAXIMUM_TEXTURE2D_LINEAR_PITCH: 2097120
         MAXIMUM_TEXTURE2D_GATHER_WIDTH: 32768
         MAXIMUM_TEXTURE2D_GATHER_HEIGHT: 32768
         PCI_DEVICE_ID: 0
         MAXIMUM_TEXTURE3D_WIDTH: 16384
         MAXIMUM_SURFACE2D_WIDTH: 131072
         MAXIMUM_TEXTURE1D_MIPMAPPED_WIDTH: 16384
         GLOBAL_MEMORY_BUS_WIDTH: 128
         LOCAL_L1_CACHE_SUPPORTED: 1
         MAXIMUM_SURFACE3D_DEPTH: 16384
         MAXIMUM_TEXTURE3D_HEIGHT: 16384
         PCI_DOMAIN_ID: 0
         COMPUTE_CAPABILITY_MINOR: 1
         MULTI_GPU_BOARD_GROUP_ID: 0
         MAX_REGISTERS_PER_BLOCK: 65536
         MAXIMUM_TEXTURE2D_ARRAY_WIDTH: 32768
         COMPUTE_CAPABILITY_MAJOR: 6
         MAXIMUM_SURFACE2D_LAYERED_HEIGHT: 32768
         MAXIMUM_TEXTURE1D_LAYERED_LAYERS: 2048
         UNIFIED_ADDRESSING: 1
```

图 3-3

骄傲之情是不是油然而生?！不管怎样，我们确实写出了一个可以查询 GPU 参数的程序！接下来，我们开始学习如何使用 GPU，而不是单纯地观察它。

3.3 使用 PyCUDA 的 gpuarray 类

如同 NumPy 库的 array 类是 NumPy 环境中数值编程的基石一样，PyCUDA 库的 gpuarray 类在基于 Python 的 GPU 编程中，也扮演着同样的角色。它提供了你可能熟悉和喜爱的所有特性，例如多维向量/矩阵/张量形状构造、数组切片、数组分解和用于逐元素计算的重载操作符（例如+、−、*、/和**）。

对于刚接触 GPU 编程的程序员来说，gpuarray 的确是一个不可或缺的工具。因此，在继续介绍其他内容之前，让我们先来深入了解它。

3.3.1 使用 gpuarray 在 GPU 之间传输数据

我们通过 Python 语言实现 deviceQuery 程序的功能时，你可能已经注意到了：GPU 除了主机内存，还有自己的内存，也就是所谓的**设备内存**（有时也称为**全局设备内存**，以区别于 GPU 上的其他内存，如高速缓存、共享内存以及寄存器内存）。在大多数情况下，我们对待 GPU 上的设备内存的方式，与在 C 语言（使用 malloc 和 free 函数）或 C++语言（使用诸如 new 和 delete 之类的运算符）中动态分配堆内存的方式一样。不过，在 CUDA C 语言中，如果要在 CPU 和 GPU 之间来回传输数据（使用 cudaMemcpyHostToDevice 和 cudaMemcpyDeviceToHost 等命令）的话，情况会更复杂一些，因为这不仅需要跟踪 CPU 和 GPU 内存空间中的多个指针，同时还要完成相应的内存分配（使用 cudaMalloc）和内存释放（使用 cudaFree）工作。

幸运的是，PyCUDA 的 gpuarray 类能够替我们完成内存分配、释放和数据传输的所有工作。如前所述，该类与 NumPy 数组的作用相似，可以通过向量/矩阵/张量形状结构信息来处理数据。gpuarray 对象甚至可以根据生命周期来完成自动清理，因此，我们用过 gpuarray 对象后，根本不用担心该对象所占用的 GPU 内存的**释放**问题。

怎样通过该类将数据从主机传输到 GPU 呢？首先我们必须以 NumPy 数组的形式存放主机数据（这里称之为 host_data），然后使用 gpuarray.to_gpu(host_data) 命令将其传输到 GPU，并创建一个新的 GPU 数组（gpuarray 对象）。

现在，让我们在 GPU 中执行一个简单的计算（在 GPU 上，使用一个常量与数组执行点乘运算），然后使用 gpuarray.get 函数将 GPU 中的数据传输到主机内存的一个新数组中。下面让我们加载 IPython，具体代码如图 3-4 所示（注意，这里我们将使用 `import pycuda.autoinit` 来初始化 PyCUDA）。

```
In [24]: import numpy as np

In [25]: import pycuda.autoinit

In [26]: from pycuda import gpuarray

In [27]: host_data = np.array([1,2,3,4,5],dtype=np.float32)

In [28]: device_data = gpuarray.to_gpu(host_data)

In [29]: device_data_x2 = 2 * device_data

In [30]: host_data_x2 = device_data_x2.get()

In [31]: print host_data_x2
[  2.   4.   6.   8.  10.]

In [32]:
```

图 3-4

需要特别指出的是，当我们设置 NumPy 数组时，这里通过 `dtype` 选项将主机上的数组的类型显式指定为 NumPy 的 `float32` 类型——该类型直接对应于 C/C++语言中的浮点数类型。一般来说，向 GPU 发送数据时，最好通过 NumPy 显式设置数据类型。这样做的原因有两个：第一，使用 GPU 是为了提高应用程序的性能，因此要尽量避免因类型不当而增加不必要的开销，如消耗更多的计算时间或占用更多的内存；第二，我们之后会用内联 CUDA C 语言来编写部分代码，所以必须为变量规定具体的类型，否则代码将无法正常工作——C 语言是一种静态类型的编程语言。

记住，对于要传输到 GPU 的 NumPy 数组，一定要显式设置其数据类型。你可以通过 `numpy.array` 类的构造函数中的 `dtype` 选项来完成数据类型的设置。

3.3.2　使用 gpuarray 进行基本的逐元素算术运算

在前面的例子中，我们使用（重载的）Python 乘法运算符（*）将 `gpuarray` 对象中的每个元素都乘了一个标量值（上例中为 2）。注意，逐元素运算实际上是可并行化的。所以，在 `gpuarray` 对象上执行乘法操作时，PyCUDA 能够将每个乘法运算转移至一个单独的线程上，而不用一个接一个地串行执行各个乘法运算。（公平地说，NumPy 的某些版本也能利用现代 x86 芯片中的高级 SSE 指令来执行这些运算，因此在这些情况下，其性能可与 GPU 相媲美。）需要说明的是，在 GPU 上执行的这些逐元素运算是并行的，因为一个元素的计算不依赖于任何其他元素的计算结果。

要想了解这些运算符的工作原理，我们建议你加载 IPython，并在 GPU 上创建一些 `gpuarray` 对象，然后花几分钟时间来研究这些运算，看看这些运算符的工作原理是否与 NumPy 数组有相似之处，如图 3-5 所示。

```
In [14]: x_host = np.array([1,2,3], dtype=np.float32)

In [15]: y_host = np.array([1,1,1], dtype=np.float32)

In [16]: z_host = np.array([2,2,2], dtype=np.float32)

In [17]: x_device = gpuarray.to_gpu(x_host)

In [18]: y_device = gpuarray.to_gpu(y_host)

In [19]: z_device = gpuarray.to_gpu(z_host)

In [20]: x_host + y_host
Out[20]: array([ 2.,  3.,  4.], dtype=float32)

In [21]: (x_device + y_device).get()
Out[21]: array([ 2.,  3.,  4.], dtype=float32)

In [22]: x_host ** z_host
Out[22]: array([ 1.,  4.,  9.], dtype=float32)

In [23]: (x_device ** z_device).get()
Out[23]: array([ 1.,  4.,  9.], dtype=float32)

In [24]: x_host / x_host
Out[24]: array([ 1.,  1.,  1.], dtype=float32)

In [25]: (x_device / x_device).get()
Out[25]: array([ 1.,  1.,  1.], dtype=float32)

In [26]: z_host - x_host
Out[26]: array([ 1.,  0., -1.], dtype=float32)

In [27]: (z_device - x_device).get()
Out[27]: array([ 1.,  0., -1.], dtype=float32)

In [28]: z_host / 2
Out[28]: array([ 1.,  1.,  1.], dtype=float32)

In [29]: (z_device / 2).get()
Out[29]: array([ 1.,  1.,  1.], dtype=float32)

In [30]: x_host - 1
Out[30]: array([ 0.,  1.,  2.], dtype=float32)

In [31]: (x_device - 1).get()
Out[31]: array([ 0.,  1.,  2.], dtype=float32)
```

图 3-5

现在，我们可以看到 gpuarray 对象的行为是可预测的，并且与 NumPy 数组的行为相同。（注意，我们必须使用 get 函数将输出从 GPU 中取出来！）接下来，让我们比较一下 CPU 和 GPU 的计算时间，看看在 GPU 上执行这些运算是否有优势，以及什么时候有优势。

速度测试

让我们编写一个小程序（time_calc0.py），分别在 CPU 上和 GPU 上进行同样的标量乘法运算，并就两者的速度加以比较。然后，我们使用 NumPy 的 allclose 函数来比较它们的输出值。为此，我们需要先创建一个包含 5000 万个 32 位随机浮点数的数组（大约相当于 48MB 的数据，因此，对于如今有几吉字节内存容量的主机和 GPU 设备来说，完成这个任务完全不在话下）。然后，我们将计算在这两个设备上将数组乘标量 2 所需的时间。最后，我们将比较两者的计算结果，以确保它们是相等的，具体的代码如下所示：

```
import numpy as np
import pycuda.autoinit
from pycuda import gpuarray
from time import time
host_data = np.float32( np.random.random(50000000) )

t1 = time()
host_data_2x = host_data * np.float32(2)
t2 = time()

print 'total time to compute on CPU: %f' % (t2 - t1)
device_data = gpuarray.to_gpu(host_data)

t1 = time()
device_data_2x = device_data * np.float32( 2 )
t2 = time()

from_device = device_data_2x.get()
print 'total time to compute on GPU: %f' % (t2 - t1)

print 'Is the host computation the same as the GPU computation? :
{}'.format(np.allclose(from_device, host_data_2x) )
```

现在，让我们加载 IPython，并将上面的代码多运行几次，以评估其正常速度，并查看是否存在差异，如图 3-6 所示。在这里，我们使用的是 2017 年生产的 Microsoft Surface

Book 2 笔记本，处理器型号为 Kaby Lake i7，显卡型号为 GTX 1050 GPU。

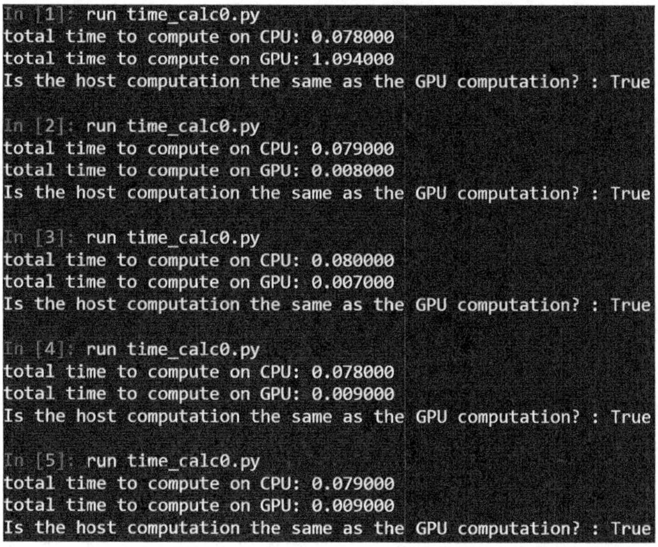

```
In [1]: run time_calc0.py
total time to compute on CPU: 0.078000
total time to compute on GPU: 1.094000
Is the host computation the same as the GPU computation? : True

In [2]: run time_calc0.py
total time to compute on CPU: 0.079000
total time to compute on GPU: 0.008000
Is the host computation the same as the GPU computation? : True

In [3]: run time_calc0.py
total time to compute on CPU: 0.080000
total time to compute on GPU: 0.007000
Is the host computation the same as the GPU computation? : True

In [4]: run time_calc0.py
total time to compute on CPU: 0.078000
total time to compute on GPU: 0.009000
Is the host computation the same as the GPU computation? : True

In [5]: run time_calc0.py
total time to compute on CPU: 0.079000
total time to compute on GPU: 0.009000
Is the host computation the same as the GPU computation? : True
```

图 3-6

首先，我们发现对于每次计算来说，CPU 计算时间（大约 0.08 秒）是大致相同的。然而，我们注意到，第一次运行时，GPU 计算时间（大约 1.09 秒）比 CPU 计算时间要大得多，但第二次运行时又突然变得小很多，在随后的运算中，GPU 计算时间（在 7～9 毫秒的范围内）大致保持不变。如果退出 IPython，然后再次运行该程序，同样的情况还会发生。那么，造成这种情况的原因是什么呢？为此，我们可以使用 IPython 内置的性能分析工具 prun（该工具的作用与第 1 章中介绍的 `cProfile` 模块非常相似）来调查其中的原因。

首先，让我们在 IPython 中执行如下所示的代码，以文本形式加载程序，然后运行这个性能分析工具，并通过 Python 的 `exec` 命令来执行程序代码：

```
with open('time_calc0.py','r') as f:
    time_calc_code = f.read()
```

现在，在 IPython 控制台中执行`%prun -s cumulative exec(time_calc_code)`命令（注意，这里需要使用前导符`%`），看看哪些操作最为耗时，如图 3-7 所示。

这里，有许多对 Python 模块文件 `compiler.py` 的可疑调用。这些操作大约耗时 1 秒，比在这里进行的 GPU 计算所花费的时间略微少一点。现在，让我们再运行一次，看看是否有什么不同，如图 3-8 所示。

```
In [2]: %prun -s cumulative exec(time_calc_code)
total time to compute on CPU: 0.078000
total time to compute on GPU: 1.100000
Is the host computation the same as the GPU computation? : True
         17353 function calls (17146 primitive calls) in 3.175 seconds

   Ordered by: cumulative time

   ncalls  tottime  percall  cumtime  percall filename:lineno(function)
        1    0.000    0.000    1.101    1.101 gpuarray.py:452(__mul__)
        1    0.000    0.000    1.092    1.092 gpuarray.py:317(_axpbz)
        1    0.000    0.000    1.091    1.091 <decorator-gen-122>:1(get_axpbz_kernel)

        1    0.000    0.000    1.091    1.091 tools.py:414(context_dependent_memoize)

        1    0.000    0.000    1.091    1.091 elementwise.py:413(get_axpbz_kernel)
        1    0.000    0.000    1.091    1.091 elementwise.py:155(get_elwise_kernel)
        1    0.000    0.000    1.091    1.091 elementwise.py:126(get_elwise_kernel_an
d_types)
        1    0.000    0.000    1.091    1.091 elementwise.py:41(get_elwise_module)
        1    0.001    0.001    1.089    1.089 compiler.py:285(__init__)
        1    0.001    0.001    1.089    1.089 compiler.py:190(compile)
        1    0.001    0.001    1.070    1.070 compiler.py:69(compile_plain)
        2    0.000    0.000    1.061    0.531 prefork.py:222(call_capture_output)
        2    0.000    0.000    1.061    0.531 prefork.py:43(call_capture_output)
        1    0.000    0.000    0.950    0.950 compiler.py:36(preprocess_source)
        2    0.000    0.000    0.837    0.419 subprocess.py:448(communicate)
        2    0.000    0.000    0.837    0.419 subprocess.py:698(_communicate)
        6    0.000    0.000    0.836    0.139 threading.py:309(wait)
```

图 3-7

```
In [3]: %prun -s cumulative exec(time_calc_code)
total time to compute on CPU: 0.101000
total time to compute on GPU: 0.015000
Is the host computation the same as the GPU computation? : True
         342 function calls (336 primitive calls) in 1.315 seconds

   Ordered by: cumulative time

   ncalls  tottime  percall  cumtime  percall filename:lineno(function)
        1    0.000    0.000    1.606    1.606 <string>:1(<module>)
        1    0.016    0.016    0.650    0.650 numeric.py:2397(allclose)
        1    0.069    0.069    0.630    0.630 numeric.py:2463(isclose)
        1    0.400    0.400    0.554    0.554 numeric.py:2522(within_tol)
        1    0.452    0.452    0.452    0.452 {method 'random_sample' of 'mtrand.Rand
omState' objects}
        2    0.191    0.096    0.191    0.096 gpuarray.py:1174(_memcpy_discontig)
        2    0.154    0.077    0.154    0.077 {abs}
        1    0.000    0.000    0.107    0.107 gpuarray.py:248(get)
        1    0.000    0.000    0.094    0.094 gpuarray.py:990(to_gpu)
        1    0.000    0.000    0.085    0.085 gpuarray.py:230(set)
        2    0.018    0.009    0.018    0.009 gpuarray.py:162(__init__)
        3    0.000    0.000    0.012    0.004 fromnumeric.py:1973(all)
```

图 3-8

注意，这次没有调用 `compiler.py`。为什么会这样呢？根据 PyCUDA 库的特性，GPU 代码的编译和链接通常在给定的 Python 会话中首次运行完成，所用的编译器为

NVIDIA 的 NVCC。此后，PyCUDA 库会将其缓存起来，当再次调用这些代码时，就不必重新进行编译了。即使进行一些非常简单的运算，例如这里的标量乘法，也会执行这些步骤！（当然，如果使用第 10 章中介绍的预编译代码方法，或使用 Scikit-CUDA 模块提供的 NVIDIA 自家的线性代数库的话，这种情况会有所改善。）

使用 PyCUDA 时，GPU 代码一般是在运行时通过 NVIDIA NVCC 编译器进行编译，然后再供 PyCUDA 调用的。通常第一次在给定的 Python 会话中运行程序或 GPU 运算可能导致意外的减速。

3.4 使用 PyCUDA 的 ElementwiseKernel 执行逐元素运算

现在，我们将介绍如何借助于 PyCUDA 的 `ElementwiseKernel` 函数，通过编程方式将逐元素运算直接交由 GPU 处理。熟悉 C/C++编程对理解本节内容会有很大的帮助，因为本节必须使用 CUDA C 来编写内联代码，这些内联代码是通过 NVIDIA NVCC 编译器在外部编译好，并供代码在运行期间通过 PyCUDA 进行调用的。

在本书中，我们经常会用到使用**内核函数**这个术语。当我们提及内核函数时，总是指一个由 CUDA 直接放到 GPU 上运行的函数。我们可以使用 PyCUDA 中的某些函数为不同类型的内核函数生成模板和设计模式，以顺利向 GPU 编程过渡。

好了，开始动手吧！首先，我们将重写代码，通过 CUDA C 代码将 `gpuarray` 对象的每个元素都乘 2。然后，使用 PyCUDA 库中的 `ElementwiseKernel` 函数来生成代码。你最好直接在 IPython 控制台中输入以下代码。（如果你不太喜欢冒险，也可以从本书配套资源下载相应的代码，对应的文件名为 `simple_element_kernel_example0.py`）：

```
import numpy as np
import pycuda.autoinit
from pycuda import gpuarray
from time import time
from pycuda.elementwise import ElementwiseKernel
host_data = np.float32( np.random.random(50000000) )
gpu_2x_ker = ElementwiseKernel(
"float *in, float *out",
"out[i] = 2*in[i];",
"gpu_2x_ker")
```

下面让我们来解释一下其中的内联 CUDA C 代码。其中，("float *in, float *out") 用于设置输入和输出变量，这里通常以指向在 GPU 上分配的内存空间的 C 指针的形式来完成这项任务。然后，我们使用"out[i] = 2*in[i];"来定义逐元素运算。该运算会将数组 in 中的每个元素都乘 2，并将运算结果放到数组 out 对应的索引处。

注意，PyCUDA 会自动设置整数索引 i。当我们把 i 用作索引时，ElementwiseKernel 将自动并行化 GPU 各核心中与 i 有关的计算。最后，我们为这段代码取一个内部 CUDA C 内核函数名称 ("gpu_2x_ker")。该名称涉及的是 CUDA C 的命名空间，而非 Python 的命名空间，所以不妨让它与 Python 代码重名，这样用起来也比较方便。

现在，我们来比较一下它们的速度：

```
def speedcomparison():
    t1 = time()
    host_data_2x = host_data * np.float32(2)
    t2 = time()
    print 'total time to compute on CPU: %f' % (t2 - t1)
    device_data = gpuarray.to_gpu(host_data)
    # allocate memory for output
    device_data_2x = gpuarray.empty_like(device_data)
    t1 = time()
    gpu_2x_ker(device_data, device_data_2x)
    t2 = time()
    from_device = device_data_2x.get()
    print 'total time to compute on GPU: %f' % (t2 - t1)
    print 'Is the host computation the same as the GPU computation? :
{}'.format(np.allclose(from_device, host_data_2x) )

if __name__ == '__main__':
    speedcomparison()
```

现在，让我们运行这个程序，如图 3-9 所示。

```
PS C:\Users\btuom\examples\3> python simple_element_kernel_example0.py
total time to compute on CPU: 0.092000
total time to compute on GPU: 1.494000
Is the host computation the same as the GPU computation? : True
PS C:\Users\btuom\examples\3>
```

图 3-9

结果看上去不太好。让我们在 IPython 中多运行几次 speedcomparison 函数，如图 3-10 所示。

```
In [1]: run simple_element_kernel_example0.py
total time to compute on CPU: 0.080000
total time to compute on GPU: 0.989000
Is the host computation the same as the GPU computation? : True

In [2]: speedcomparison()
total time to compute on CPU: 0.081000
total time to compute on GPU: 0.000000
Is the host computation the same as the GPU computation? : True

In [3]: speedcomparison()
total time to compute on CPU: 0.096000
total time to compute on GPU: 0.000000
Is the host computation the same as the GPU computation? : True

In [4]: speedcomparison()
total time to compute on CPU: 0.085000
total time to compute on GPU: 0.000000
Is the host computation the same as the GPU computation? : True

In [5]: speedcomparison()
total time to compute on CPU: 0.085000
total time to compute on GPU: 0.000000
Is the host computation the same as the GPU computation? : True

In [6]:
```

图 3-10

可以看到，给定 GPU 函数首次使用之后，速度会急剧加快。同样，与前文的示例一样，这是因为 PyCUDA 第一次调用某个 GPU 内核函数时，需要使用 NVCC 编译器来编译其中的内联 CUDA C 代码。这些代码编译好之后，会被缓存起来，以供给定 Python 会话的其他部分重复使用。

在继续介绍其他内容之前，先让我们了解一些重要而微妙的事情。对于前面定义的小内核函数来说，其运算涉及指向 C 语言中的浮点数的指针。这意味着，我们必须在 GPU 上分配一些空闲内存，即 `out` 变量指向的内存。让我们再来看一下 `speedcomparison` 函数中的下列代码：

```
device_data = gpuarray.to_gpu(host data)
# allocate memory for output
device_data_2x = gpuarray.empty_like(device_data)
```

如前所述，我们是通过 `gpuarray.to_gpu` 函数将 NumPy 数组（`host_data`）发送至 GPU 的。该函数会自动为数据分配 GPU 内存空间，并将其从 CPU 内存空间复制到相应的 GPU 内存空间中。将来，我们会把它插入内核函数的 `in` 数组中。接着，我们使用 `gpuarray.empty_like` 函数在 GPU 上分配空内存。该函数相当于 C 语言中的 `malloc` 函数，以分配一个其大小和数据类型与 `device_data` 数组完全相同的数组，但不会从 device_data 数组中复制任何内容。这样，我们就可以在内核函数的外部使用这个数组了。现在，我们来分析 speedcomparison 函数中的下一行代码（忽略用于计时的代码），即如何在 GPU 上启动内核函数：

```
gpu_2x_ker(device_data, device_data_2x)
```

同样，这里设置的变量直接对应于 ElementwiseKernel 函数中"float *in, float *out"所定义的变量。

3.4.1　重温 Mandelbrot 集

现在，让我们再看一下第 1 章中提及的 Mandelbrot 集生成问题。原先的代码可以从配套资源中的文件夹 1 中找到，相应的文件名为 mandelbrot0.py。在阅读下文之前，请你先浏览一下其中的代码。实际上，该程序主要由两部分组成，第一部分用于生成 Mandelbrot 集，第二部分用于将 Mandelbrot 集转储为 PNG 文件。在第 1 章中，我们只实现了 Mandelbrot 集生成代码的并行化，当时主要考虑这部分操作会占用该程序的大部分运行时间，所以才将这部分操作负载转移到 GPU 上。下面让我们看看这一点是如何实现的。（注意，这里不再赘述 Mandelbrot 集的定义，因此，如果你不熟悉其定义，请复习第 1 章中的相关内容。）

首先，让我们根据原程序中的 simple_mandelbrot 函数来新建一个 Python 函数，并将其命名为 gpu_mandelbrot，该函数的输入与 simple_mandelbrot 函数完全一致：

```
def gpu_mandelbrot(width, height, real_low, real_high, imag_low, imag_high,
max_iters, upper_bound):
```

从这里开始，真正的不同之处出现了。首先，我们将构建一个复数网格。它是由所要分析的复平面中的各个点组成的。

在这里，我们将借助 NumPy 的矩阵类型来轻松生成这个复数网格，然后再进行类型转换：将 NumPy 矩阵转换为二维 NumPy 数组（因为 PyCUDA 只能处理 NumPy 数组类型，而无法处理 NumPy 矩阵类型）。请注意观察这里是如何设置 NumPy 数据类型的：

```
real_vals = np.matrix(np.linspace(real_low, real_high, width),dtype=np.complex64)
imag_vals = np.matrix(np.linspace( imag_high, imag_low, height),dtype=np.complex64) * 1j
mandelbrot_lattice = np.array(real_vals + imag_vals.transpose(),dtype=np.complex64)
```

这样我们就创建了一个表示网格的复数型二维数组，然后将通过这个网格来生成

Mandelbrot 集。我们可以在 GPU 内轻松完成该操作。现在，让我们将这个网格转移到 GPU，并为其分配一个表示 Mandelbrot 集的数组：

```
# copy complex lattice to the GPU
mandelbrot_lattice_gpu = gpuarray.to_gpu(mandelbrot_lattice)
# allocate an empty array on the GPU
mandelbrot_graph_gpu = gpuarray.empty(shape=mandelbrot_lattice.shape,dtype=np.float32)
```

重申一下，gpuarray.to_array 函数只能处理 NumPy 的 array 类型，因此在将网格发送到 GPU 之前，一定要先进行类型转换。接下来，我们必须使用 gpuarray.empty 函数在 GPU 上分配一些内存，并指定数组的大小/形状及其类型。同样，我们可以将其看作 C 语言中的 malloc 函数。记住，我们不必在后面重新分配或释放该内存，因为 gpuarray 对象的析构函数会在作用域结束时自动清理内存。

当通过 PyCUDA 库的 gpuarray.empty 或 gpuarray.empty_like 函数在 GPU 上分配内存时，gpuarray 对象的析构函数会自动清理所有内存，因此我们根本无须亲自释放相关内存。

在编写用以生成 Mandelbrot 集的内核函数时，不妨先来看看该函数的预期用法：

```
mandel_ker( mandelbrot_lattice_gpu, mandelbrot_graph_gpu,np.int32(max_iters),
np.float32(upper_bound))
mandelbrot_graph = mandelbrot_graph_gpu.get()
return mandelbrot_graph
```

上面展示的就是新内核函数的预期用法，第一个参数是所生成的复数网格（其中元素类型为 NumPy complex64），第二个参数是指向二维浮点型数组（元素类型为 NumPy float32）的指针，用以指示哪些元素是 Mandelbrot 集的元素，第三个参数是一个整数，表示每个点的最大迭代次数，最后一个参数表示每个点的上限，用于确定 Mandelbrot 集的成员关系。注意，我们非常谨慎地对 GPU 中的所有变量进行了类型转换！

接下来我们将 GPU 生成的 Mandelbrot 集传输到 CPU 空间，并返回结果（注意，gpu_mandelbrot 函数的输入和输出与 simple_mandelbrot 函数的完全一致）。

现在，我们介绍如何正确定义 GPU 内核函数。首先，我们需要在文件的开头部分添加适当的 import 语句：

```
import pycuda.autoinit
from pycuda import gpuarray
```

```
from pycuda.elementwise import ElementwiseKernel
```

这样，就为编写 GPU 内核函数做好了准备！下面我们先给出内核函数的完整代码，然后再对其进行详细解释：

```
mandel_ker = ElementwiseKernel(
"pycuda::complex<float> *lattice, float *mandelbrot_graph, int max_iters,
float upper_bound",
"""
mandelbrot_graph[i] = 1;
pycuda::complex<float> c = lattice[i];
pycuda::complex<float> z(0,0);
for (int j = 0; j < max_iters; j++)
     {
      z = z*z + c;
      if(abs(z) > upper_bound)
          {
           mandelbrot_graph[i] = 0;
           break;
          }
     }
""",
"mandel_ker")
```

首先，我们使用传递给 `ElementwiseKernel` 的第一个字符串来设置输入参数。我们必须意识到，使用 CUDA C 时，特定的 C 数据类型直接对应于特定的 Python NumPy 数据类型。同时还要注意，当数组被传递给 CUDA 内核函数时，它们会被 CUDA 视为 C 指针。在这里，CUDA C `int` 类型完全对应于 NumPy `int32` 类型，而 CUDA C `float` 类型对应于 NumPy `float32` 类型。然后，使用 PyCUDA 内置的一个类模板来处理复数类型——这里 `PyCUDA ::complex<float>`类型对应于 NumPy `complex64` 类型。

让我们看一下第二个字符串的内容，注意，这里使用了三重引号（"""）来表示字符串。这种表示形式的好处是，我们可以对字符串内容进行分行。当我们使用 Python 编写更大型的内联 CUDA 内核函数时，这种表示方法非常有用。

虽然传入的数组是 Python 中的二维数组，但在 CUDA 看来，它只是一个一维数组，并使用 `i` 进行索引。同样，`ElementwiseKernel` 会自动在多个内核和线程中并行处理与 `i` 相关的计算。在这里，我们通过 `mandelbrot_graph[i] = 1;`语句将输出中的每个元素初始化为 1，因为 Mandelbrot 集的每个元素都是通过 `i` 索引的，除非专门声明，否则我们将假设每个点（元素）都是该集合的元素。（同样，Mandelbrot 集具有二维结构，即实部和虚部，但是 ElementwiseKernel 会自动将其转换为一维结构。当我们再次使用 Python 与数据交互时，Mandelbrot 集的二维结构仍将被保留。）

在这里，我们使用 pycuda::complex<float> c = lattice[i];将 Python 中变量 c 的值设置为适当的点，并使用 pycuda::complex<float> z(0,0);将 z 值初始化为 0（第一个 0 对应于实部，而第二个 0 对应于虚部）。然后，我们通过 for(int j = 0; j < max_iters; j++)执行了一个循环，这里使用了一个迭代器 j。（注意，该算法无法通过 j 或任何其他索引实现并行化，相反，只能通过索引 i 实现并行化！这个 for 循环将通过变量 j 串行运行——但整段代码将通过 i 实现并行化。）

然后，根据 Mandelbrot 集的算法，通过 z = z*z + c;语句为 z 设置新值。如果该元素的绝对值超过上限（if(abs(z) > upper_bound)），我们会将相应点设为 0（mandelbrot_graph[i] = 0;），并使用 break 关键字退出循环。

在传递给 ElementwiseKernel 函数的最后一个字符串中，我们给这个内核函数提供了一个内部 CUDA C 名称，即"mandel_ker"。

现在，我们已经为启动内核函数做好了准备。接下来，唯一需要修改的地方，就是将 main 函数中 simple_mandelbrot 的引用改为 gpu_mandelbrot。这样一来，我们就可以在 IPython 中启动这个内核函数了，如图 3-11 所示。

```
In [1]: run gpu_mandelbrot0.py
It took 0.894000053406 seconds to calculate the Mandelbrot graph.
It took 0.102999925613 seconds to dump the image.
```

图 3-11

让我们检查一下转储的图像，看看是否一切正常，如图 3-12 所示。

显然，这与第 1 章中生成的 Mandelbrot 集图像别无二致，说明我们已经在 GPU 上成功实现了同样的操作！现在，让我们来看看速度的提升情况：在第 1 章中，生成这幅图像耗费了 14.61 秒，但是现在，我们只用了 0.894 秒。记住，PyCUDA 还必须在运行时编译和链接相应的 CUDA C 代码，主机与 GPU 之间的内存传输也需要耗费一定的时间。尽管如此，即使加上所有的额外开销，速度也得到了显著的提升！（要想查看利用 GPU 处理 Mandelbrot 集的完整代码，也可以从本书配套资源中下载名为 gpu_mandelbrot0.py 的文件。）

2.0
1.5
1.0
0.5
0.0
−0.5
−1.0
−1.5
−2.0
−2.0 −1.5 −1.0 −0.5 0.0 0.5 1.0 1.5 2.0

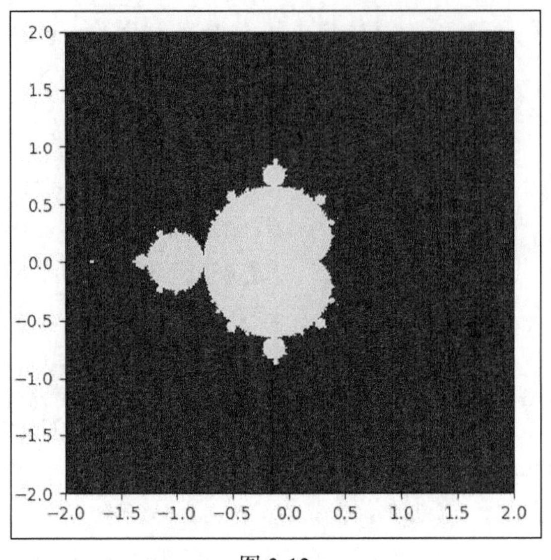

图 3-12

3.4.2　函数式编程简介

在继续学习 GPU 编程之前，让我们简要回顾一下 Python 中可用于函数式编程的两个函数——`map` 和 `reduce`。这两者都被认为是函数式的，因为它们都是根据所提供的函数来完成相应操作的。我们发现这非常有趣，因为它们都对应于编程中常见的设计模式，所以可以通过输入不同的函数获得大量不同且有用的操作。

让我们首先回顾一下 Python 中的 `lambda` 关键字。通过这个关键字，我们可以定义一个匿名函数——在大多数情况下，这些函数可以被视为一次性函数，因为我们可能只希望使用一次，或者希望能够使用一行代码定义的函数。现在，让我们打开 IPython，定义一个计算平方数的迷你型函数，如 `pow2=lambda x : x**2`。下面让我们用几个数字来测试一下，如图 3-13 所示。

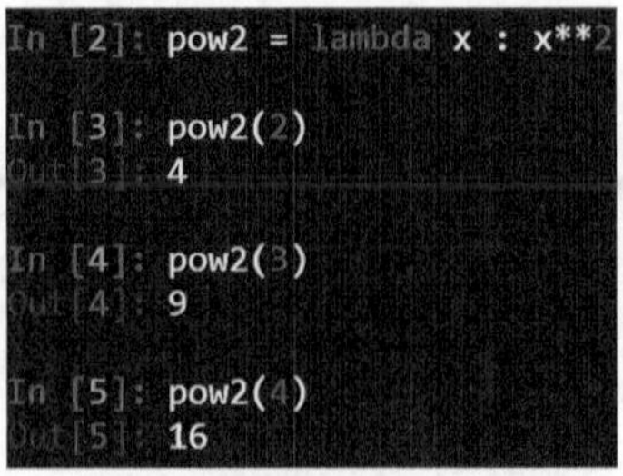

In [2]: pow2 = lambda x : x**2
In [3]: pow2(2)
Out[3]: 4
In [4]: pow2(3)
Out[4]: 9
In [5]: pow2(4)
Out[5]: 16

图 3-13

前面说过，`map` 函数是根据两个输入来进行操作的，它们分别是，一个函数和一个给定函数可以处理的对象列表。`map` 函数的输出是一个列表，即由指定的函数对原始列表中每个元素的处理结果（函数的输出）组成的一个列表。现在，我们将平方运算定义为一个匿名函数，然后将其作为参数提供给 `map` 函数，同时将图 3-12 所示的几个数字以列表的形式提供给 `map` 函数，即 `map(lambda x : x**2, [2,3,4])`。

该函数的运行结果如图 3-14 所示。

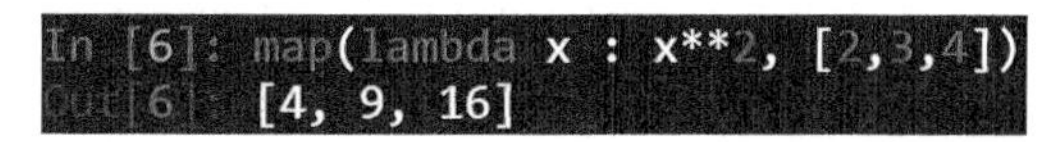

图 3-14

我们看到，map 函数扮演的是 ElementwiseKernel 函数的角色！这实际上是函数式编程中的标准设计模式。现在，让我们来看看 reduce 函数。与 map 函数接收列表并输出直接对应的列表不同，reduce 函数接收列表后，会对其执行递归式的二元运算，并输出一个单例。下面让我们通过在命令行中执行 reduce(lambda x, y : x + y, [1,2,3,4])，来直观理解这个设计模式的概念。在 IPython 中执行上面的函数时，返回的值为 10，这实际上是 1+2+3+4 的和。你可以尝试用乘法运算符替换上面的加法运算符，其作用就是递归地将一组数字相乘。一般来说，规约操作是通过符合结合律的二元操作来完成的。这意味着，无论我们在列表的顺序元素之间执行操作的顺序如何，只要列表保持顺序不变，总会得到相同的结果。（不要将规约操作与交换性相混淆。）

下面我们开始介绍 PyCUDA 库是如何处理类似于 reduce 函数这样的编程模式的——使用**并行化的扫描内核函数**和**规约内核函数**。

3.4.3　并行化的扫描内核函数和规约内核函数简介

让我们看一下 PyCUDA 中的一个基本函数——InclusiveScanKernel（这个函数的代码位于 simple_scankernal0.py 文件名中），它复制了 reduce 函数的功能。下面我们通过实例介绍这个函数的用法，即利用 GPU 对列表元素求和：

```
import numpy as np
import pycuda.autoinit
from pycuda import gpuarray
from pycuda.scan import InclusiveScanKernel
seq = np.array([1,2,3,4],dtype=np.int32)
seq_gpu = gpuarray.to_gpu(seq)
sum_gpu = InclusiveScanKernel(np.int32, "a+b")
print sum_gpu(seq_gpu).get()
print np.cumsum(seq)
```

我们首先通过指定输入/输出类型（这里是 NumPy int32）和字符串"a+b"来构造内核函数。在这里，InclusiveScanKernel 函数会在 GPU 空间中自动设置名为 a 和 b 的元素，因此这个字符串输入的功能类似于 Python 中的 lambda a,b: a + b。我们可以在这里放置任何（符合结合律的）二元运算，但千万记住，一定要用 C 语言编写。

运行 sum_gpu 函数后，我们会得到一个与输入数组大小相同的数组。该数组中的每个元素代表计算中每一步的计算结果。我们可以看到，NumPy 的 cumsum 函数会给出相同的输出。其中，最后一个元素就是我们最感兴趣的最终输出结果，它对应于 reduce 函数的输出结果，如图 3-15 所示。

```
In [1]: run simple_scankernel0.py
[ 1  3  6 10]
[ 1  3  6 10]
```

图 3-15

让我们尝试一件更具挑战性的事情——从一个 float32 数组中找出最大值：

```
import numpy as np
import pycuda.autoinit
from pycuda import gpuarray
from pycuda.scan import InclusiveScanKernel
seq = np.array([1,100,-3,-10000, 4, 10000, 66, 14, 21],dtype=np.int32)
seq_gpu = gpuarray.to_gpu(seq)
max_gpu = InclusiveScanKernel(np.int32, "a > b ? a : b")
print max_gpu(seq_gpu).get()[-1]
print np.max(seq)
```

完整的代码参见配套资源中名为 simple_scankernal1.py 的文件。

在这里，主要的变化是用 a > b ? a : b 替换了 a + b。（对于 Python 来说，这个字符串相当于 reduce 语句中的 lambda a, b:max(a,b) ）。这里有一个技巧，即可以使用 C 语言中的?运算符来取 a 和 b 中的最大值。最后，我们通过输出数组显示结果元素的最后一个值，而该值恰好是该数组中的最后一个元素（就 Python 语言来说，可以通过索引[-1]来检索最后一个元素）。

最后，让我们再来看一个用于生成 GPU 内核函数的 PyCUDA 函数——ReductionKernel。实际上，ReductionKernel 就像一个后面跟一个并行扫描内核函数的 ElementwiseKernel 函数。那么，ReductionKernel 函数最适合用于实现什么样的算法呢？显然，最先想到的肯定就是线性代数的点积。我们都知道，计算两个向量的点积需要执行两个步骤：

- 将两个向量逐元素相乘；
- 对逐元素的乘积进行求和。

这两个步骤也称为**相乘**和**累加**。现在，让我们创建一个执行这两个步骤的内核函数：

```
dot_prod = ReductionKernel(np.float32, neutral="0", reduce_expr="a+b",
map_expr="vec1[i]*vec2[i]", arguments="float *vec1, float *vec2")
```

请注意该内核函数所使用的数据类型是 float32。同时，这里使用 arguments 来设置 CUDA C 内核函数的输入参数（这里是两个浮点型数组，每个数组表示一个向量，这里的数组是以 float *的形式声明的），并使用 map_expr 设置逐元素计算的类型，这里是逐元素乘法。与 ElementwiseKernel 函数一样，这里也是使用 i 进行索引的。同时，我们仍然沿用设置 InclusiveScanKernel 函数的方式来设置 reduce_expr，即通过逐元素操作得到结果输出，并对该数组执行规约操作。最后，我们用 neutral 来设置中性元。中性元将用作 reduce_expr 的单位元，在这里 neutral=0，因为对于加法来说，0 就是其单位元（对于乘法来说，1 是其单位元）。待阅读了本书后文与并行前缀相关内容的深入介绍后，你就会明白我们为什么必须设置它了。

3.5 小结

在本章中，我们首先介绍了如何使用 PyCUDA 查询 GPU 参数，并用 Python 语言重新创建了一个 CUDA deviceQuery 程序；然后我们讲解了如何使用 PyCUDA gpuarray 类及其 to_gpu 和 get 函数将 NumPy 数组传输到 GPU 的内存中。接着，我们通过实例演示了如何通过 gpuarray 对象在 GPU 上进行简单的计算，以及如何使用 IPython 的性能分析工具 prun 来进行简单的性能分析。PyCUDA 需要启动 NVIDIA 的 NVCC 编译器来编译内联 CUDA C 代码，因此在会话中第一次通过 PyCUDA 库运行 GPU 函数时，速度会有明显的下降。然后，我们介绍了如何使用 ElementwiseKernel 函数来编译和启动逐元素运算，这些运算可以通过 Python 语言自动实现基于 GPU 的并行化运行。随后，我们简要回顾了 Python 的函数式编程内容（特别是 map 和 reduce 函数）。最后，我们介绍了如何使用 InclusiveScanKernel 和 ReductionKernel 函数在 GPU 上进行一些简单的规约/扫描计算。

在掌握了编写和启动内核函数的入门知识后，我们发现，使用 PyCUDA 库提供的模板编写内核函数，会带来很大的开销。在第 4 章中，我们将介绍 CUDA 内核函数的运行原理，以及 CUDA 是如何将内核中的并发线程组织成抽象的网格和线程块的。

3.6 习题

1. 在 simple_element_kernel_example0.py 中，GPU 计算时间并没有考虑数据往返于 GPU 内存之间所消耗的时间。请尝试使用 Python 的 time 函数来测量

gpuarray、to_gpu 和 get 函数的运行时间。考虑到内存传输时间，你认为是否值得将这个函数转移至 GPU？

2. 在第 1 章中，我们讨论了阿姆达尔定律，知道了将部分程序负载转移到 GPU 能够带来很大的益处。在阅读本章之后，请举出阿姆达尔定律没有考虑到的两个问题。
3. 修改 gpu_mandel0.py，让它使用越来越小的复数网格，并在网格相同的情况下，比较该程序与其 CPU 版本在运行时间方面的差异。我们能够通过选择足够小的格，使 CPU 版本的速度比 GPU 版本更快吗？
4. 使用 ReductionKernel 创建一个内核函数，使其在 GPU 上接收两个长度相同的 complex64 数组，并返回两个数组中绝对值最大的元素。
5. 如果 gpuarray 对象到达 Python 的作用域边界，将会发生什么情况？
6. 为什么我们在使用 ReductionKernel 函数时需要定义 neutral 变量？
7. 如果我们在 ReductionKernel 函数中设置了 reduce_expr ="a > b ? a : b"，并且将操作对象的类型设为 int32，那么应该将"neutral"设置成什么？

第 4 章　内核函数、线程、线程块与网格

在本章中，我们将介绍如何编写高效的 **CUDA 内核函数**。在讨论 GPU 编程时，所谓**内核函数**（可与 CUDA 内核或内核等术语互换使用）是指一种可以直接从主机（CPU）上调用，但实际上是在设备（GPU）上执行的并行函数。**设备函数**则是一种只能从内核函数或另一个设备函数中调用的函数。一般来说，设备函数的外观和行为都与普通的串行 C/C++函数非常相似，唯一区别在于它们是运行在 GPU 上的，并能供内核函数并行调用。

本章还将详细介绍 CUDA 是如何通过**线程**、**线程块**和**网格**等抽象概念来剥离 GPU 的底层技术细节（例如内核、线程束和流式多处理器，这些内容我们将在本书后文加以介绍）的。同时，我们将介绍如何使用这些概念来平滑并行编程的学习曲线。我们还将探讨线程同步（包括线程块级别以及线程网格级别的同步），以及如何使用**全局**和**共享内存**实现 CUDA 的线程内通信。最后，我们将深入研究如何在 GPU 上实现自己的并行前缀算法（第 3 章中的扫描/规约内核函数），从而将本章介绍的所有原则付诸实践。

在本章中，我们将介绍下列主题：

- 了解内核函数和设备函数之间的区别；
- 通过 PyCUDA 编译和运行内核函数，以及在内核函数中使用设备函数；
- 在启动内核函数的上下文中有效地使用线程、线程块和网格，以及在内核函数中使用 `threadIdx` 和 `blockIdx`；
- 熟悉如何以及为什么同步内核函数中的线程、使用 `__syncthreads` 同步单个线程块中的所有线程、使用主机同步整个块/网格中的所有线程；
- 使用设备全局内存和共享内存进行线程间通信；
- 综合利用内核函数的相关知识来正确实现 GPU 版本的并行前缀求和函数。

4.1　技术要求

本章需要用到配备了 NVIDIA GPU（2016 年以后的版本）的 Linux 或 Windows 10 计算机，并且需要安装好所有必需的 GPU 驱动程序和 CUDA Toolkit（9.0 以上的版本）软件，还需要安装好含有 PyCUDA 模块的 Python 2.7 软件（例如 Anaconda Python 2.7）。

4.2　内核函数

与第 3 章一样，我们将学习如何在 Python 代码中通过内联 CUDA C 编写 CUDA 内核函数，并通过 PyCUDA 在 GPU 上执行它们。在第 3 章中，我们曾用 PyCUDA 提供的模板来编写符合特定设计模式的内核函数，但从现在开始，我们将介绍如何从头开始编写自己的内核函数，这样就可以编写各种各样的内核函数了。更为重要的是，这些内核函数不必遵循 PyCUDA 提供的设计模式，这样我们就能够对内核函数实施更精细的控制。当然，这也是有代价的——编程的复杂度会随之提高！为此，我们不仅需要深入理解**线程**、**线程块**和**网格**的概念以及它们在内核函数中的作用，还需要掌握对运行内核函数的线程进行同步，以及在线程之间交换数据的方法。

现在，我们从最简单的事情开始做起，即尝试重建第 3 章中的逐元素运算，不过这里不再使用 `ElementwiseKernel` 函数，而将使用 `SourceModule` 函数——这是 PyCUDA 库中一个功能非常强大的函数，我们可以通过它从头开始构建自己的内核函数。

PyCUDA SourceModule 函数

我们用 PyCUDA 库中的 `SourceModule` 函数将原来的内联 CUDA C 代码编译成可以从 Python 启动的内核函数。注意，`SourceModule` 函数实际上会将这些代码编译成 **CUDA 模块**——这种模块跟 Python 模块或 Windows DLL 类似，只不过其中存放的是已编译好的 CUDA 代码。这就意味着，在实际启动内核函数之前，我们必须先通过 PyCUDA 的 `get_function` 函数“提出”这个内核函数的引用。下面我们用一个简单的例子来演示如何通过 `SourceModule` 函数运行 CUDA 内核函数。

跟第 3 章一样，下面的内核函数的功能也非常简单：计算向量与标量之积。首先，我们需要导入相关的模块：

```
import pycuda.autoinit
import pycuda.driver as drv
import numpy as np
from pycuda import gpuarray
from pycuda.compiler import SourceModule
```

接下来我们就可以编写内核函数了：

```
ker = SourceModule("""
__global__ void scalar_multiply_kernel(float *outvec, float scalar, float*vec)
{
 int i = threadIdx.x;
 outvec[i] = scalar*vec[i];
}
""")
```

我们来看一下这里的写法与基于 ElementwiseKernel 函数的写法的异同之处。首先，使用 CUDA C 声明内核函数时，我们在函数名前面加上了关键字__global__。这个关键字用于向编译器声明这是一个内核函数。此外，这里的函数也被声明为 void 类型，因为这个函数的输出值也是通过作为参数传入的、指向空闲内存块的指针给出的。同时，我们也可以像标准 C 函数那样来声明参数。首先，我们声明了一个名为 outvec 的参数，实际上它是一个指向存放运算结果的浮点型数组的指针。然后，我们又声明了一个名为 scalar 的参数，其数据类型为 float。注意，该参数并非指针！这是因为，如果我们只是希望将一个单例输入值传递给内核函数的话，根本不必使用指针。最后，我们声明了一个名为 vec 的输入向量，它也是一个指向浮点型数组的指针。

实际上，内核函数的单例输入参数可以直接通过主机传入，而无须通过指针或分配的设备内存进行传递。

在继续测试之前，让我们先来深入了解一下内核函数的运行机制。我们知道，ElementwiseKernel 函数是通过值 i 在多个 GPU 线程上自动实现并行化的，并且这个值是由 PyCUDA 设置的。每个独立线程的标识是由 threadIdx 的值给出的，具体检索方式为 int i = threadIdx.x;。

实际上，threadIdx 可用于告诉每个独立线程的标识。通常情况下，它可用于确定待处理的值在输入数组和输出数组中的索引。它还有一个用途，那就是在不借助标准 C 语言的控制流语句（如 if 或 switch 语句）的情况下，为不同的线程分配不同的任务。

像以前一样，我们将通过并行方式来执行标量乘法，即 outvec[i] = scalar* vec[i];。

现在，让我们测试一下这段代码。首先，我们需要从刚才使用 SourceModule 编译的 CUDA 模块中**提取**出已编译好的内核函数的引用。为此，我们可以使用 Python 的 get_function 函数取得该内核函数的引用，具体代码如下：

```
scalar_multiply_gpu = ker.get_function("scalar_multiply_kernel")
```

为了对该内核函数进行实际的测试，我们必须在 GPU 上放置一些数据。为此，我们可以设置一个包含 512 个随机值的浮点型数组（随机向量），然后使用 gpuarray.to_gpu 函数将其复制到 GPU 的全局内存数组中。我们打算分别在 GPU 和 CPU 上计算该随机向量与标量的乘积，看看结果是否一致，并需要使用 gpuarray.empty_like 函数在 GPU 的全局内存中分配一段空闲内存：

```
testvec = np.random.randn(512).astype(np.float32)
testvec_gpu = gpuarray.to_gpu(testvec)
outvec_gpu = gpuarray.empty_like(testvec_gpu)
```

现在，启动内核函数的准备工作就大功告成了。我们将标量的值设为 2（同样，该标量是单例，所以无须将这个值复制到 GPU——但是，这里必须进行相应的类型转换）。在这里，我们必须使用参数 block 和 grid 将线程数量设为 512。下面给出运行该内核函数的代码：

```
scalar_multiply_gpu( outvec_gpu, np.float32(2), testvec_gpu,
block=(512,1,1), grid=(1,1,1))
```

现在，我们将通过 gpuarray 输出对象的 get 函数来获取内核函数的计算结果，并与 NumPy 库的 allclose 函数的正确计算结果加以比较：

```
print "Does our kernel work correctly? :
{}".format(np.allclose(outvec_gpu.get() , 2*testvec) )
```

本示例的完整代码位于配套资源中的 simple_scalar_multiply_ kernel.py 文件中。

现在，我们终于可以不用借助第 3 章中介绍的“拐杖”——PyCUDA 内核模板了，而是可以直接使用纯 CUDA C 来编写内核函数，并以指定数量的线程在 GPU 上运行该函数了。下面我们将详细介绍 CUDA 是如何将线程组织成名为**线程块**和**网格**的抽象单位的。

4.3　线程、线程块与网格

到目前为止，我们一直没有给出**线程**这个术语的定义。下面让我们来看看这个术语的具体含义：线程就是在 GPU 的单个内核上运行的一系列指令。也就是说，**线程**不应该被看作内核的同义词！实际上，对于运行的内核函数来说，它们使用的线程数量可以远远超过 GPU 的内核数量。为了便于理解，我们可以类比一下：一块英特尔芯片可能只有 4 个内核，但是这并不妨碍在 Linux 或 Windows 中运行数以百计的进程以及数以千计的线程。这是因为操作系统的调度程序可以对这些任务进行快速切换，从而让我们误以为它们是同时运行的。实际上，GPU 也是以类似的方式来处理线程的，因此我们可以使用数以万计的线程进行无缝计算。

在 GPU 上，多个线程是以名为**线程块**的抽象单位来运行的。我们介绍过如何从执行标量乘法运算的内核函数中的 `threadIdx.x` 来获取线程 ID。之所以在最后带上字母 `x`，是因为还有 `threadIdx.y` 和 `threadIdx.z`。也就是说，我们可以通过 3 个维度索引线程块，而不是只能通过一个维度索引线程块。为什么要这么做呢？要回答这个问题，让我们回顾一下第 1 章和第 3 章中关于 Mandelbrot 集生成的例子。我们知道，这个例子需要对二维平面上的点逐一进行计算，对于此类算法来说，使用两个维度索引线程可能更有意义。同理，在某些情况下，使用 3 个维度可能更有帮助——进行物理模拟时，我们可能必须计算在三维网格内运动的粒子的位置。

实际上，线程块可以进一步组织成网格，我们可以将其视为由线程块组成的线程块。与线程块中的线程一样，我们可以使用 `blockIdx.x`、`blockIdx.y` 和 `blockIdx.z` 给出的常量值，通过 3 个维度来索引网格中的各个线程块。下面我们通过一个具体的例子来阐释这些概念，为简单起见，这里仅使用了两个维度。

康威生命游戏

生命游戏（通常简称为 LIFE）是英国数学家约翰·康威（John Conway）于 1970 年发明的一种元胞自动机仿真游戏。虽然这个概念听起来很高深，但是理解起来其实非常简单——LIFE 是一个零玩家游戏，该游戏是在一个二维的单元格网中进行的，每个单元格中可以放置一个生命细胞。该细胞有两种状态：存活或死亡。单元格网是通过下面的规则进行迭代的。

- 当前细胞为存活状态，当周围的活细胞低于 2 个时，该细胞会因孤独而死亡。
- 当前细胞为存活状态，当周围有 2 个或 3 个活细胞时，该细胞保持原来状态。
- 当前细胞为存活状态，当周围有 3 个以上活细胞时，该细胞因资源匮乏而死亡。
- 当前细胞为死亡状态，当周围有 3 个活细胞时，该细胞将会复活。

这 4 个简单的规则会产生一个复杂的模拟过程，并且该过程具有非常有趣的数学特性，当这个过程以动画形式呈现时，也很漂亮。然而，由于单元格网含有大量的细胞，模拟过程有时会非常慢，并且如果用纯串行式 Python 编程，通常会导致动画**时断时续**。不过，这个模拟过程是可以并行化的，因为单元格网中的每个细胞可以由一个 CUDA 线程来管理。

下面我们通过 CUDA 内核函数实现 LIFE，并使用 `matplotlib.animation` 模块进行动画演示。我们之所以对这个游戏感兴趣，是因为可以通过它来演示线程块和网格的应用情况。

首先，我们需要导入相关的模块：

```
import pycuda.autoinit
import pycuda.driver as drv
from pycuda import gpuarray
from pycuda.compiler import SourceModule
import numpy as np
import matplotlib.pyplot as plt
import matplotlib.animation as animation
```

现在，我们将通过 `SourceModule` 来编写内核函数。首先，我们将使用 C 语言的 `#define` 指令来设置用于整个内核函数的常量和宏。下面是我们设置的前两个宏，即 `_X` 和 `_Y`：

```
ker = SourceModule("""
#define _X  ( threadIdx.x + blockIdx.x * blockDim.x )
#define _Y  ( threadIdx.y + blockIdx.y * blockDim.y )
```

首先，我们要记住`#define` 在这里的作用——它将在编译时用定义的值（在这里是位于括号中的值）来替换所有 `_X` 或 `_Y`，也就是说，它是用于创建宏的。（就个人风格而言，本书通常会在所有 C 宏前面加下划线。）

在 C 和 C++语言中，`#define` 用于创建宏。这意味着`#define` 既不用于创建任何函数，也不用于设置常量——它的作用在于，通过在编译之前替换相应的文本，使代码变得更加简洁。

现在，让我们来讨论一下_X 和_Y 的具体含义：表示单个 CUDA 线程所对应的 LIFE 二维单元格网中的相应单元格的笛卡儿坐标值 x 和 y。我们将在一个由二维线程块组成的二维网格上运行该内核函数，二维网格对应于整个单元格网。我们必须通过线程和线程块的相关常量来定位单元格网上的笛卡儿点。下面我们以示意图的形式来表示二维 CUDA 线程块中的线程，具体如图 4-1 所示。

现在，你可能会问：为什么不在单个线程块上运行内核函数，从而直接将_X 设置为 threadIdx.x 并将_Y 设置为 threadIdx.y 呢？实际上，之所以没有采取这种做法，是因为 CUDA 对线程块的大小是有限制的——就目前来说，单个线程块中最多含有 1024 个线程。这就意味着，我们顶多只能做出尺寸为 32×32 的单元格网，这会让模拟变得相当乏味，甚至还不如使用 CPU 的效果好，所以我们必须在一个网格中的多个线程块上运行这个内核函数。（当前线程块的大小是由 blockDim.x 和 blockDim.y 给出的，它们可以用于确定目标的 x 和 y 坐标值。）

类似地，和以前一样，我们可以用 blockIdx.x 和 blockIdx.y 确定二维网格中的线程块，如图 4-2 所示。

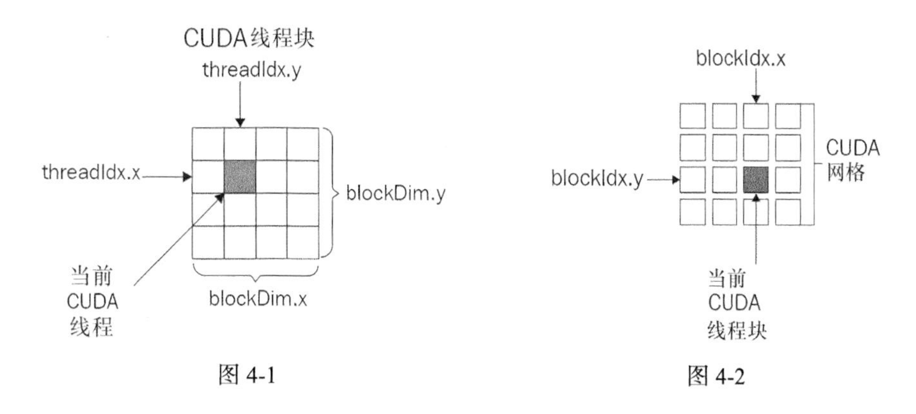

图 4-1 图 4-2

我们从数学的角度稍微思考一下就知道：_X 应该定义为(threadIdx.x + blockIdx.x * blockDim.x)，_Y 应该定义为(threadIdx.y + blockIdx.y * blockDim.y)。这里之所以加括号，是为了让这些宏插入代码后运算顺序不受影响。现在，让我们继续定义其余的宏：

```
#define _WIDTH  ( blockDim.x * gridDim.x )
#define _HEIGHT ( blockDim.y * gridDim.y )

#define _XM(x)  ( (x + _WIDTH) % _WIDTH )
```

```
#define _YM(y)   ( (y + _HEIGHT) % _HEIGHT )
```

在这里，宏_WIDTH 和_HEIGHT 分别表示单元格网的宽度和高度，这一点可以从图 4-2 中看出。接下来，我们介绍宏_XM 和_YM。在实现 LIFE 时，我们会让单元格网的边缘首尾相接。例如，对于-1 来说，我们可以将其 *x* 值视为_WIDTH - 1，将其 *y* 值视为_HEIGHT - 1。同样，对于 0 来说，我们可以将其 *x* 值视为_WIDTH，将其 *y* 值视为_HEIGHT。那么，为什么要这样做呢？因为，当我们计算某个细胞周围处于存活状态的细胞数量时，该细胞可能正好位于某个边缘，这时其邻居可能是外部的点——借助于这些宏，程序就能自动覆盖这些点。注意，对于 C 语言中的取模运算符之前的操作数来说，必须加上宽度或高度的值——这是因为，与 Python 语言不同，C 语言中的取模运算符对整数进行运算时可能返回负值。

现在，我们来定义最后一个宏。回想一下，对于 PyCUDA 来说，它会将二维数组作为一维指针传递到 CUDA C 中。这些 Python 二维数组将以逐行的方式传递到一维 C 指针中。这就意味着，我们必须将单元格网中给定细胞的笛卡儿坐标(*x*,*y*)转换成对应于单元格网的指针内的一个一维的点，具体代码如下所示：

```
#define _INDEX(x,y) ( _XM(x) + _YM(y) * _WIDTH )
```

单元格网是以行为单位存储的，因此我们必须将 *y* 值乘宽度来偏移到对应行中的点。现在，我们终于可以开始实现 LIFE 了。下面让我们从 LIFE 最重要的部分开始着手——计算一个给定细胞周围处于存活状态的细胞数量。为此，我们使用一个 CUDA **设备函数**来实现该任务，具体代码如下所示。

```
__device__ int nbrs(int x, int y, int * in)
{
     return ( in[ _INDEX(x -1, y+1) ] + in[ _INDEX(x-1, y) ] + in[
_INDEX(x-1, y-1) ] \
                    + in[ _INDEX(x, y+1)] + in[_INDEX(x, y - 1)] \
                    + in[ _INDEX(x+1, y+1) ] + in[ _INDEX(x+1, y) ] + in[
_INDEX(x+1, y-1) ] );
}
```

设备函数是一个用 C 语言编写的、以串行方式运行的函数，可以被内核函数中的单个 CUDA 线程调用。也就是说，这个小型函数会被内核函数中的多个线程并行调用。因此，我们将利用一组 32 位整数（其中，1 表示处于存活状态的细胞，0 表示处于死亡状态的细胞）来表示单元格网。这种方式非常适合这里的需求：将当前细胞周围邻居的值相加即可。

类似地，CUDA 设备函数则是一个串行运行的 C 函数，可以被内核函数中的单个 CUDA 线程调用。虽然这些函数本身是串行运行的，但它们可以供多个 GPU 线程并行执行。注意，设备函数无法自主通过主机在 GPU 上运行自己，而只能通过内核函数完成。

现在，我们开始编写实现 LIFE 的内核函数。事实上，大部分艰苦工作已经完成了，接下来要做的是检查当前线程对应细胞周围的细胞数量，检查当前细胞处于存活状态还是死亡状态；然后，使用适当的 `switch-case` 语句来根据 LIFE 的规则确定它在下一次迭代中的状态。在这个内核函数中，我们需要用到两个整型指针数组：一个数组（数组 `lattice`）是关于上次迭代的，并用于该内核函数的输入；另一个数组（数组 `lattice_out`）是关于本次迭代的，并用于该内核函数的输出。

```
__global__ void conway_ker(int * lattice_out, int * lattice )
{
   // x, y are the appropriate values for the cell covered by this thread
   int x = _X, y = _Y;
   // count the number of neighbors around the current cell
   int n = nbrs(x, y, lattice);
     // if the current cell is alive, then determine if it lives or dies for
the next generation.
     if ( lattice[_INDEX(x,y)] == 1)
        switch(n)
        {
           // if the cell is alive: it remains alive only if it has 2 or 3
neighbors.
           case 2:
           case 3: lattice_out[_INDEX(x,y)] = 1;
                   break;
           default: lattice_out[_INDEX(x,y)] = 0;
        }
     else if( lattice[_INDEX(x,y)] == 0 )
          switch(n)
          {
             // a dead cell comes to life only if it has 3 neighbors that
are alive.
             case 3: lattice_out[_INDEX(x,y)] = 1;
                     break;
```

```
                default: lattice_out[_INDEX(x,y)] = 0;
            }
    }
""")

conway_ker = ker.get_function("conway_ker")
```

注意，这里用了3个括号来结束内联CUDA C代码段，然后通过`get_function`函数获取CUDA C内核函数的引用。该内核函数只会迭代一次单元格网，因此我们需通过Python编写一个简短的函数，以处理动画中单元格网迭代带来的所有开销。

```
def update_gpu(frameNum, img, newLattice_gpu, lattice_gpu, N):
```

其中，参数`frameNum`只是Matplotlib的动画模块迭代函数所需要的一个值，这些函数我们先不予考虑；参数`img`是单元格网的图像，它是该模块所需要的，并被反复显示。

下面我们开始介绍另外3个参数：其中参数`newLattice_gpu`和`lattice_gpu`是两个“永久性”的PyCUDA `gpuarray`，因为我们需要尽可能避免在GPU上重新分配内存；另外，参数`N`表示单元格网的高度和宽度（换句话说，我们将使用一个$N \times N$的单元格网）。

接下来，我们用适当的参数来运行该内核函数，并设置好线程块和单元格的大小，具体代码如下所示：

```
conway_ker(newLattice_gpu, lattice_gpu, grid=(N/32,N/32,1),block=(32,32,1) )
```

其中，`(32, 32, 1)`用于将线程块的大小设置为32×32。单元格网仅用到两个维度，所以我们可以将z值设为1。注意，一个线程块中最多含有1024个线程，而32×32正好等于1024，所以线程数量并没有超出范围。（记住，这里设置的32×32并没有什么特殊用意。实际上，如果你也可以选用16×64或10×10这样的值，只要线程总数不超过1024即可。）

一个CUDA线程块中的线程数量的上限为1024个。

我们现在看一下网格的值。在这里，我们使用的维度是32，所以很明显，N（在这种情况下）应该除以32。这意味着，就本例来说，我们只能使用大小为64×64、96×96、

128×128 和 1024×1024 等的网格。同样，如果我们想使用不同大小的网格，就必须改变线程块的大小。（如果你还没有厘清头绪的话，那么请再看看图 4-1 和图 4-2，并回顾一下我们在内核函数中是如何定义与宽度和高度有关的宏的）。

用 get 函数从 GPU 内存中抓取最新生成的单元格网后，我们就可以生成创建动画所需的图像数据了。最后，我们使用 PyCUDA 的切片操作符[:]将新生成的单元格网数据复制到当前的数据中，这样就可以直接使用之前在 GPU 上分配好的内存完成复制操作，从而避免重新分配内存了。

```
img.set_data(newLattice_gpu.get() )
lattice_gpu[:] = newLattice_gpu[:]
return img
```

下面我们将创建一个大小为 256×256 的单元格网，然后用 numpy.random 模块中的 choice 函数为单元格网设置初始状态。实际上，我们将用 1 和 0 来随机填充一个大小为 $N \times N$ 的整数单元格网。一般来说，如果其中大约 25%的点为 1 而其他点为 0 的话，我们就可以生成一些有趣的单元格网动画，具体代码如下所示：

```
if __name__ == '__main__':
    # set lattice size
    N = 256
    lattice = np.int32( np.random.choice([1,0], N*N, p=[0.25,0.75]).reshape(N, N) )
    lattice_gpu = gpuarray.to_gpu(lattice)
```

最后，我们可以用合适的 gpuarray 函数在 GPU 上创建单元格网，并生成相应的 Matplotlib 动画，具体代码如下所示：

```
lattice_gpu = gpuarray.to_gpu(lattice)
    lattice_gpu = gpuarray.to_gpu(lattice)
    newLattice_gpu = gpuarray.empty_like(lattice_gpu)

    fig, ax = plt.subplots()
    img = ax.imshow(lattice_gpu.get(), interpolation='nearest')
    ani = animation.FuncAnimation(fig, update_gpu, fargs=(img,newLattice_gpu, lattice_
gpu, N, ) , interval=0, frames=1000,save_count=1000)
    plt.show()
```

现在，我们可以运行程序并欣赏动画了（本示例的完整代码参见配套资源中的 conway_gpu.py 文件），如图 4-3 所示。

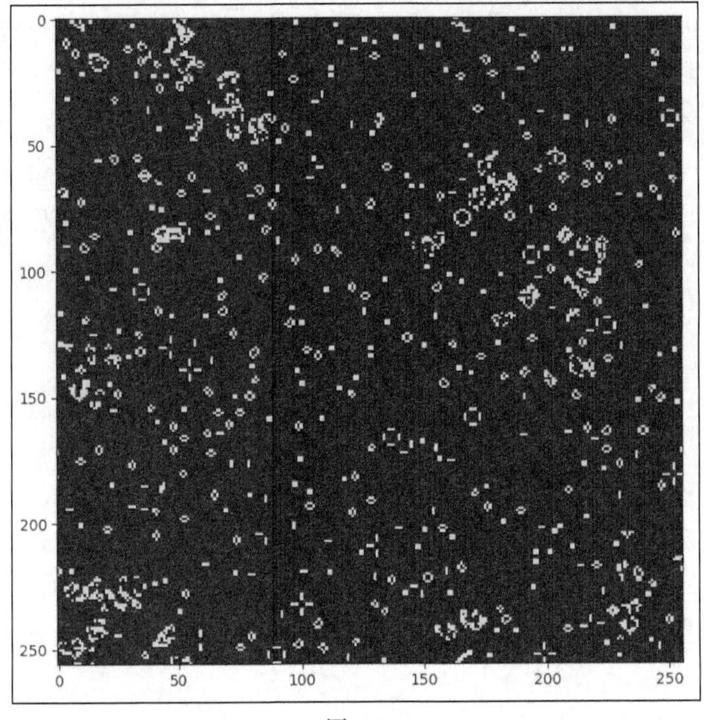

图 4-3

4.4　线程同步与线程通信

现在，我们将讨论 GPU 编程中的两个重要概念——**线程同步**和**线程通信**。有时，我们需要确保所有线程在进入下一步计算之前到达代码中的同一行——我们称之为线程同步。实际上，线程间的同步与通信是密不可分的，即不同的线程间会互相传递和读取输入，在这种情况下，我们通常要确保所有线程的计算保持同步后，再传递数据。下面我们先来介绍一下 CUDA 的设备函数`__syncthreads`，该函数用于同步内核函数中的单个线程块。

4.4.1　使用设备函数__syncthreads

在前文的 LIFE 示例中，内核函数每被主机启动一次，只会迭代单元格网一次。在这种情况下，在运行的内核函数中同步所有线程是没有问题的，因为我们只需要使用单元格网的前一次迭代结果，而这并不难获得。

但是，如果我们想做一些稍微不同的事情——重写内核函数，使其可以对给定的细胞方格迭代指定的次数，这样就无须通过主机多次运行这个内核函数了。乍一看，这好像没有什么难度——我们很容易想到的一个方法就是，给 conway_ker 内核函数添加一个整数参数，用于表示迭代次数，同时再添加一个 for 循环来执行迭代，然后再对其他地方稍加修改，这样就大功告成了。

但是，这就会导致竞态条件，即多个线程读写同一个内存地址，从而引发各种问题。我们以前使用的 conway_ker 内核函数是通过两个内存数组来避免这个问题的：每次迭代时，一个数组单纯用于从中读取数据，另一个数组单纯用于向其写入数据。此外，该内核函数只执行一次迭代，所以我们实际上通过主机来实现线程的同步。

我们想在 GPU 上进行多次完全同步的 LIFE 迭代，还想让单元格网使用单个内存数组。为此，我们可以通过一个名为__syncthreads 的 CUDA 设备函数来避免竞态条件。这个函数是一个线程块级别的同步屏障——这意味着某线程块内的每个线程执行到__syncthreads 调用时都将暂停，并等待同一线程块内的其他线程都执行到该函数的同一调用，这些线程才会继续执行后面的代码。

函数__syncthreads 只能同步单个 CUDA 线程块内的线程，无法同步 CUDA 网格内的所有线程！

现在，让我们编写一个新的内核函数。实际上，它只是先前 LIFE 内核函数的修改版本，我们会让它执行一定次数的迭代，然后停止运行。这就意味着，这里不会采用动画的表现形式，而是输出静态图像，因此我们需要导入相应的 Python 模块。（本示例的完整代码，也可以在配套资源中的 conway_gpu_syncthreads.py 文件中找到）：

```
import pycuda.autoinit
import pycuda.driver as drv
from pycuda import gpuarray
from pycuda.compiler import SourceModule
import numpy as np
import matplotlib.pyplot as plt
```

然后再设置内核，代码如下：

```
ker = SourceModule("""
```

当然，跟前面一样，CUDA C 代码也会放到该内核函数中。同时，我们必须对原来的内核函数做些修改。不过，我们仍然可以保留设备函数 nbrs。在声明中，我们将使用单个数组来表示单元格网。的确可以这样做，因为我们将对线程进行同步。此外，我们还必须用一个整数来表示迭代的次数。所设置的参数如下所示：

```
__global__ void conway_ker(int * lattice, int iters)
{
```

下面的代码与前文的类似，只是多了一个用于迭代的 for 循环。

```
int x = _X, y = _Y;
for (int i = 0; i < iters; i++)
{
    int n = nbrs(x, y, lattice);
    int cell_value;
```

回顾之前的做法，我们是把单元格的新值直接保存到数组中的。在线程块中所有线程被同步之前，这些值将一直存放在变量 cell_value 中。操作与之前类似，也是用 __syncthreads 函数来阻塞线程的执行，直到处理好当前迭代的所有单元格的新值，才会将新值保存到 lattice 数组中。

```
if ( lattice[_INDEX(x,y)] == 1)
switch(n)
{
// if the cell is alive: it remains alive only if it has 2 or 3 neighbors.
case 2:
case 3: cell_value = 1;
break;
default: cell_value = 0;
}
else if( lattice[_INDEX(x,y)] == 0 )
switch(n)
{
// a dead cell comes to life only if it has 3 neighbors that are alive.
case 3: cell_value = 1;
break;
default: cell_value = 0;
}
__syncthreads();
lattice[_INDEX(x,y)] = cell_value;
__syncthreads();
}
}
""")
```

现在，我们可以像之前一样运行内核函数并显示输出了。这次，我们将在单元格网上迭代 1000000 次。注意，每个线程块最多只能有 1024 个线程，因此我们在 CUDA 网格中只使用了一个线程块，其大小为 32 × 32。（需要再次强调的是，__syncthreads 只对一个线程块中的所有线程起作用，而无法对一个 CUDA 网格中的所有线程起作用，这就是我们只使用一个线程块的原因）。

```
conway_ker = ker.get_function("conway_ker")
if __name__ == '__main__':
 # set lattice size
 N = 32
 lattice = np.int32( np.random.choice([1,0], N*N, p=[0.25,0.75]).reshape(N, N) )
 lattice_gpu = gpuarray.to_gpu(lattice)
 conway_ker(lattice_gpu, np.int32(1000000), grid=(1,1,1), block=(32,32,1))
 fig = plt.figure(1)
 plt.imshow(lattice_gpu.get())
```

运行上述程序，输出结果如图 4-4 所示（这就是 LIFE 的单元格网在 1000000 次迭代后的收敛结果！）。

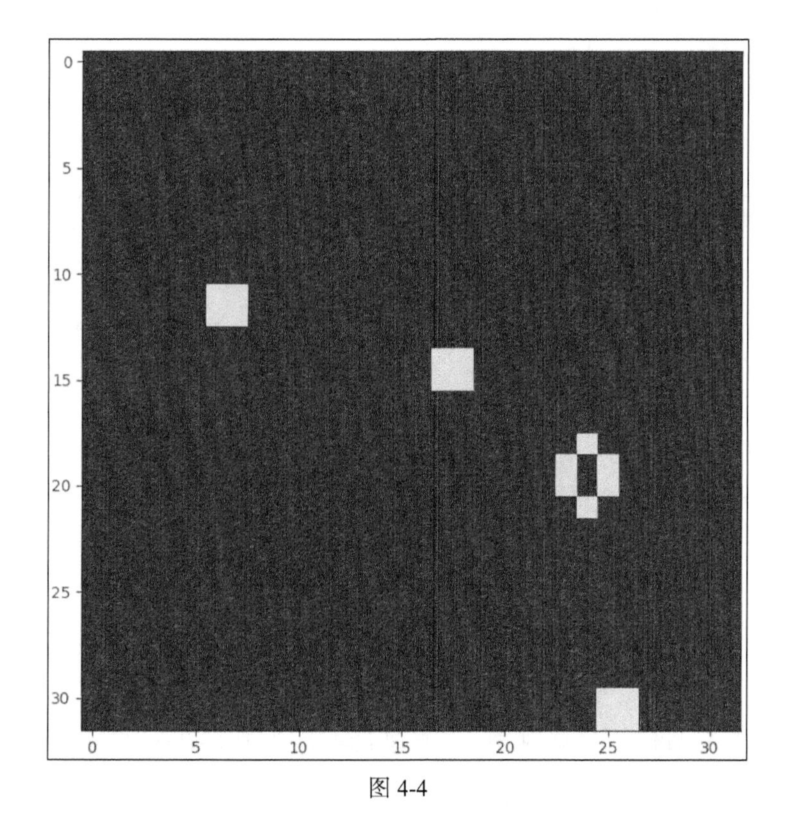

图 4-4

4.4.2 使用共享内存

由前文的例子可知，内核函数中的线程可以在 GPU 的全局内存中使用数组进行通信。

虽然全局内存适用于大部分的运算，但是如果使用共享内存，则可以显著提高运行速度。所谓**共享内存**，实际上就是一种专门供单个 CUDA 线程块内的线程进行通信的内存，与全局内存相比，使用共享内存的优势在于，可以显著提高纯线程间的通信速度。但与全局内存不同的是，存储在共享内存中的数据不能被主机直接访问——共享内存必须先通过内核函数将其复制到全局内存。

让我们暂退一步，仔细复盘一下已有的代码，比如不妨看一下 LIFE 中的这个迭代型内核函数中声明的变量。我们先来看一下变量 x 和 y，它们是两个整型变量，用于存放某个线程对应的方格的笛卡儿坐标值。记住，我们是通过宏_X 和_Y 来设置它们的值的。尽管编译器会进行相应的优化，但我们还是希望将这些值存储在变量中以减少计算量，因为如果直接使用_X 和_Y 的话，每次重新计算 x 和 y 的值，都需要在代码中引用这些宏。

```
int x = _X, y = _Y;
```

我们注意到，对于每一个线程，在单元格网中都会有唯一的笛卡儿点与之对应，并且它们是通过 x 和 y 对应起来的。同样，我们也可以通过一个变量 n（其声明为 int n = nbrs(x, y, lattice);）来表示一个特定细胞周围处于存活状态的细胞的数量。这是因为，当我们在 CUDA 中正常声明变量时，在默认情况下，它们将变成所有线程的本地变量。注意，如果我们在一个线程内声明了一个数组，如 int a[10];，那么每个线程中都会“变出”一个大小为 10 的数组。

对于本地线程数组（例如，在内核函数中声明的数组 int a[10];）和指向全局 GPU 内存的指针（例如，以 int * b 的形式作为内核参数传递的值）来说，虽然其外观和行为看起来都很相似，实际上却存在巨大的区别。对于内核函数中的每一个线程来说，虽然每个线程有一个单独的数组 a，但是其他线程无法读取该数组。此外，每个线程也有一个单独的指针 b，这些指针不仅具有相同的值，还可供所有线程访问。

接下来，我们将使用共享内存，这样就能在同一个 CUDA 线程块内的线程之间共享变量和数组了。需要指出的是，与使用全局内存指针（到现在为止我们一直在使用的）相比，共享内存的访问速度要快得多，也减少了使用指针时内存分配所带来的开销。

若我们使用一个大小为 10 的共享型整型数组，则可以将其声明为__shared__ inta[10]。

注意，共享内存的形式不必局限于数组。比如，我们也可以通过下列方式来创建共享型的单例变量：`__shared__ int a[10]: __shared__ int x`。

接下来，我们将修改 LIFE 中的迭代型内核函数中的几行代码，以便引入共享内存。首先，让我们把输入指针重命名为 `p_lattice`，这样不仅可以在共享数组中使用这个变量名，还可以在代码中保留所有对 `lattice` 的引用。我们将继续使用 32×32 的单元格网，所以可以通过下面的代码来定义共享型的 `lattice` 数组：

```
__global__ void conway_ker_shared(int * p_lattice, int iters)
{
 int x = _X, y = _Y;
 __shared__ int lattice[32*32];
```

现在我们必须将全局内存中的 `p_lattice` 数组中的所有值复制到数组 `lattice` 中。此外，由于这里将以完全相同的方式来索引该共享数组，因此完全可以直接使用以前定义的_INDEX 宏。注意，我们一定要在复制数据的代码之后放上`__syncthreads` 函数，以确保在执行 LIFE 的算法之前，所有对 `lattice` 数组的内存访问已经完成。

```
lattice[_INDEX(x,y)] = p_lattice[_INDEX(x,y)];
__syncthreads();
```

这个内核函数的其余部分跟之前的代码完全一样，只是我们必须将共享型 `lattice` 数组中的数据复制回 gpuarray 对象，具体代码如下所示：

```
 __syncthreads();
 p_lattice[_INDEX(x,y)] = lattice[_INDEX(x,y)];
 __syncthreads();
} """)
```

现在，我们可以像之前一样，用同样的测试代码来运行这个程序了。(注意，这个例子中的代码可以从配套资源的 `conway_gpu_syncthreads_shared.py` 文件中下载)。

4.5 并行前缀算法

接下来，我们利用前文 CUDA 内核函数方面的新知识来实现**并行前缀算法**，也就是所谓的**扫描设计模式**。实际上，第 3 章中 PyCUDA 的 `InclusiveScanKernel` 和 `ReductionKernel` 函数就是并行前缀算法的简单例子。现在，我们进一步研究这种算法。

简单来说，并行前缀算法要做的事情就是给定一种二元运算符 $\oplus$，即处理两个输入值并给出一个输出值的函数，如 + 、× 、∧（求最大值）和∨（求最小值），以及一组元素 $x_0, x_1, x_2, \cdots, x_{n-1}$，然后高效计算 $x_0 \oplus x_1 \oplus x_2 \oplus \cdots \oplus x_{n-1}$。此外，我们假设该二元运算满足结合律——这就意味着，对于任何 3 个元素（x、y 和 z），$x \oplus (y \oplus z) = (x \oplus y) \oplus z$ 这个等式总是成立。

我们希望保留部分运算结果，也就是前面 $n-1$ 次子计算的结果—— $x_0, x_0 \oplus x_1, x_0 \oplus x_1 \oplus x_2, \cdots, x_0 \oplus \cdots \oplus x_{n-2}$。并行前缀算法的目的是高效地生成由 n 次求和运算的结果所组成的集合。如果使用串行方式的话，生成 n 次求和的结果的时间复杂度为 $O(n)$，所以我们希望降低该时间复杂度。

当使用术语“并行前缀”或“扫描”时，它通常是指产生所有 n 个结果的算法，而使用术语“规约”时，通常是指只产生单个最终结果（即 $x_0 \oplus x_1 \oplus \cdots \oplus x_{n-1}$）的算法。（PyCUDA 就是这种情况。）

实际上，并行前缀算法有多种变体，不过下面介绍的是十分简单（也是十分古老）的一个版本，即朴素并行前缀算法（Naive Parallel Prefix Algorithm）。

4.5.1　朴素并行前缀算法

朴素并行前缀算法是并行前缀算法的原始版本，之所以说是“朴素”的，是因为我们不仅假设输入元素的个数为 n，还进一步假设 n 等于 2 的 k（k 为正整数）次幂，同时在 n 个处理器（或 n 个线程）上并行运行这个算法。显然，该假设对算法能够处理的集合的基数 n 施加了很强的限制。然而，在满足这些条件的情况下，该算法的效果还是非常棒的，其计算时间复杂度仅为 $O(\log n)$。这一点，我们可以从该算法的伪代码中略窥一二。在这里，我们将输入值表示为 $x_0, \cdots, x_{n-1}$，将输出值表示为 $y_0, \cdots, y_{n-1}$：

```
input: x0, ..., xn-1
initialize:
for k=0 to n-1:
    yk := xk
begin:
parfor i=0 to n-1 :
    for j=0 to log2(n):
        if i >= 2^j :
            yi := yi ⊕ yi - 2^j
    else:
            continue
        end if
```

```
    end for
end parfor
end
output: y0, ..., yn-1
```

现在，我们可以清楚地看到，计算时间复杂度约等于 $O(\log\ n)$，因为外层循环是通过 parfor 并行运行的，而内层循环的耗时则为 $\log_2(n)$。稍加思考，就不难看出 y_i 值就是我们想要的输出值。

接下来，我们开始实现这个算法，这里的二元运算符为+。同时，因为这个例子仅用于说明，所以这个内核函数使用的线程将超过 1024 个。

在编写内核函数时，首先要导入相关的库：

```
import pycuda.autoinit
import pycuda.driver as drv
import numpy as np
from pycuda import gpuarray
from pycuda.compiler import SourceModule
from time import time

naive_ker = SourceModule("""
__global__ void naive_prefix(double *vec, double *out)
{
    __shared__ double sum_buf[1024];
    int tid = threadIdx.x;
    sum_buf[tid] = vec[tid];
```

在这里，我们将输入元素表示为一个双精度浮点型的 gpuarray 对象，即 double * vec，并用 double *out 来表示输出。同时，我们还声明一个共享内存，即 sum_buf 数组，用它来计算输出。接下来，我们来看看算法本身的实现代码。

```
int iter = 1;
for (int i=0; i < 10; i++)
{
    __syncthreads();
    if (tid >= iter )
    {
        sum_buf[tid] = sum_buf[tid] + sum_buf[tid - iter];
    }
    iter *= 2;
}
__syncthreads();
```

当然，上述代码中并没有 parfor，因为它隐含在表示线程数的 tid 变量之中。实际上，我们也可以不使用 $\log_2$ 和 2 的 i 次幂，可以将一个变量初始化为 1，然后通过 i 每次迭代时，就将该变量乘 2（注意，如果想提高代码的技术水平，那么可以用位移运算符）。在这里，我们用 10 作为迭代次数 i 的上限，因为 2^{10}=1024。下面我们来结束这个新内核函数，具体代码如下所示：

```
 __syncthreads();
 out[tid] = sum_buf[tid];
 __syncthreads();
}
""")
naive_gpu = naive_ker.get_function("naive_prefix")
```

现在，让我们看一下内核函数的测试代码：

```
if __name__ == '__main__':
 testvec = np.random.randn(1024).astype(np.float64)
 testvec_gpu = gpuarray.to_gpu(testvec)

 outvec_gpu = gpuarray.empty_like(testvec_gpu)
 naive_gpu( testvec_gpu , outvec_gpu, block=(1024,1,1), grid=(1,1,1))

 total_sum = sum( testvec)
 total_sum_gpu = outvec_gpu[-1].get()

 print "Does our kernel work correctly? :
{}".format(np.allclose(total_sum_gpu , total_sum) )
```

在输出的结果中，我们只关心最终总和，为此可以通过 outvec_gpu[-1].get() 来得到它——在 Python 中，索引“-1”表示数组的最后一个元素，该元素存放的正是 vec 中所有元素的和，而部分元素的和位于 outvec_gpu 数组前面的各个元素中。（这个例子的代码也可以在配套资源的 naive_prefix.py 文件中找到。）

从本质上看，并行前缀算法必须在 n 个线程上运行，对应的是一个大小为 n 的数组，其中 n 是 2 的幂。不过，我们可以对这个算法进行扩展，使其突破对数组大小必须是 2 的幂的限制。假设算子有一个单位元（或者等价的中性元）——也就是说，存在某个值 e，使得对于任意值 x，我们都有 $x=e\oplus x=x\oplus e$。当二元运算符为+时，单位元为 0；当二元运算符为×时，单位元为 1。这样，我们只要填充一定数量的 e 值，就能让新集合的元素数量 n 等于 2 的幂。

4.5.2 包含型并行前缀算法与独占型并行前缀算法

下面我们介绍包含型并行前缀算法与独占型并行前缀算法之间非常微妙也非常重要的区别。到目前为止，我们所关注的并行前缀算法的输入形如 $x_0,\cdots,x_{n-1}$，而输出则为一组求和结果，即 $x_0,x_0 \oplus x_1,\cdots,x_0 \oplus \cdots \oplus x_{n-1}$。实际上，生成前面这种形式的输出的并行前缀算法被称为**包含型**的。对于包含型并行前缀算法来说，输出数组与输入数组的元素之间存在这样一种对应关系：输出数组中第 i 个元素的值就是输入数组中第 i 个元素与该元素之前所有元素的和。但是，**独占型并行前缀算法**的情况则与之不同，它同样需要 n 个形如 $x_0,\cdots,x_{n-1}$ 的输入值，但是输出的是长度为 n 的输出数组 $e,x_0,x_0 \oplus x_1,\cdots,x_0 \oplus \cdots \oplus x_{n-2}$。

这一点非常重要，因为并行前缀算法的一些高效变种在本质上是独占型的。我们将在 4.5.3 节中介绍一个这样的例子。

独占型并行前缀算法的输出与包含型并行前缀算法的输出几乎相同，只是它是右移的，并且省略了最终值。因此，只要我们保留一个 $x_0,\cdots,x_{n-1}$ 的副本，我们就可以利用这两种算法中的任意一种轻松获得所需的输出。

4.5.3 工作高效型并行前缀算法

在继续探讨新算法之前，让我们先从两个不同的角度看一下朴素并行前缀算法。在理想情况下，该算法的计算时间复杂度为 $O(\log n)$，前提条件是要有足够多的处理器来处理数据集。当数据集的基数（元素数）n 远大于处理器的数量时，朴素并行前缀算法的时间复杂度就变成了 $O(n \log n)$。

其次，让我们定义一个与二元运算符 $\oplus$ 有关的新概念：并行前缀算法执行的**工作**。在这里，工作是指在算法执行过程中所有线程调用该运算符的次数。类似地，**跨度**是一个线程在内核函数执行期间进行调用的次数，而整个算法的**跨度**与各个单独线程之间的最长跨度相同，可以用于估算总的执行时间。

我们追求的是减少算法的所有线程所执行的工作数量，而不只关注跨度。在使用朴素并行前缀算法的情况下，当可用处理器数量不足时，那些额外的工作会耗费更多的时间，因为这些额外的工作只能挤占有限的可用处理器。

我们将介绍一种新的算法，其**工作效率**高，因此更适合数量有限的处理器。该算法包括相互独立的两个不同阶段——**上行扫描**（或**规约**）阶段和**下行扫描**阶段。此外，该算法是一种独占型的并行前缀算法。

上行扫描阶段类似于一次规约操作，从而得到类似规约算法的输出值，即 $x_0 \oplus \cdots \oplus x_{n-1}$。在本例中，我们将保留计算最终结果所需的部分和（ $x_0 \oplus x_1, x_2 \oplus x_3, x_4 \oplus x_5, \cdots$ ）。然后，下行扫描阶段将对这些部分和进行处理，并给出最终的结果。现在，让我们先来介绍上行扫描阶段的伪代码（在 4.5.4 节，我们将会介绍伪代码的具体实现）。

1．工作高效型并行前缀（上行扫描阶段）

下面是上行扫描阶段的伪代码（注意，这里的 `parfor` 语句针对的是变量 `j`，这意味着这段代码可以在由 `j` 索引的线程中实现并行化）：

```
input: x_0, ..., x_{n-1}
initialize:
    for i = 0 to n - 1:
        y_i := x_i
begin:
for k=0 to log_2(n) - 1:
    parfor j=0 to n - 1:
        if j is divisible by 2^{k+1}:
            y_{j+2^{k+1}-1} = y_{j+2^k-1} ⊕ y_{j+2^{k+1}-1}
    else:
            continue
end
output: y_0, ..., y_{n-1}
```

2．工作高效型并行前缀（下行扫描阶段）

现在，让我们开始下行扫描，这一步的处理对象为上行扫描的结果。

```
input: x_0, ..., x_{n-1}
initialize:
    for i = 0 to n - 2:
        y_i := x_i
    y_{n-1} := 0
begin:
for k = log_2(n) - 1 to 0:
    parfor j = 0 to n - 1:
        if j is divisible by 2^{k+1}:
            temp := y_{j+2^k-1}
            y_{j+2^k-1} := y_{j+2^{k+1}-1}
            y_{j+2^{k+1}-1} := y_{j+2^{k+1}-1} ⊕ temp
```

```
        else:
            continue
end
output: y0 , y1 , ..., yn-1
```

4.5.4 工作高效型并行前缀算法的实现

我们将实现一个工作高效型并行前缀算法，它可以对大小超过 1024 的任意数组进行操作，这是本章的重点。这就意味着，该算法可以运行在多个网格和线程块上，所以我们不得不使用主机进行同步。该算法还要求我们实现两个独立的内核函数，分别处理上行扫描和下行扫描，并且这两个内核函数用于 parfor 循环，而其他 Python 函数则用于外部 for 循环。

下面我们先来介绍上行扫描的内核函数。因为我们将从主机上不断重复运行这个内核函数，所以还需要一个参数来表示当前的迭代次数（k）。在这里，我们将使用两个数组进行计算，以免出现竞态条件。其中，数组 x 用于当前迭代，而数组 x_old 则用于上一次迭代。该内核函数的声明如下所示：

```
up_ker = SourceModule("""
__global__ void up_ker(double *x, double *x_old, int k)
{
```

现在，让我们来设置 tid 变量，以表示当前线程在网格**所有线程块**的**所有**线程中的标识。实际上，这里使用的技巧与 LIFE 的网格实现是一样的：

```
int tid = blockIdx.x*blockDim.x + threadIdx.x;
```

现在，我们将使用 C 语言的移位运算符，直接用 k 来计算 2 的 k 次幂和 2 的 k+1 次幂，同时将 j 设置为 tid 的_2k1 倍，这样就可以忽略伪代码中的“if j is divisible by 2^{k+1}”，因为所运行的线程数肯定满足相关要求：

```
int _2k = 1 << k;
int _2k1 = 1 << (k+1);

int j = tid* _2k1;
```

对于 CUDA C 语言来说，我们可以通过左移位运算符（<<）轻松获得等于 2 的幂的整数。回想一下，整数 1（2^0）可以表示为 0001，2（2^1）可以表示为 0010，4（2^2）可以表示为 0100，以此类推。因此，我们可以通过 1<<k 的方式来计算 2 的 k 次幂。

现在，我们就可以通过单行代码来实现上行扫描了。注意，j 具有特殊的生成方式，所以它能够被 2 的 k+1 次幂整除。

```
 x[j + _2k1 - 1] = x_old[j + _2k -1 ] + x_old[j + _2k1 - 1];
}
""")
```

至此，内核函数就算写完了！不过，我们还没有完整地实现上行扫描操作。接下来，我们必须使用 Python 来完成剩下的工作。为此，首先需要获取内核函数，然后才能实现其他函数。当然，这里也将完全遵循伪代码。之前，我们是利用通过 [:] 从 x_gpu 中复制的数据来更新 x_old_gpu 的，这样只需将新数据直接复制过来，根本不用重新分配内存。另外，请注意我们是如何根据要运行的线程数量来设置线程块和网格大小的——我们应尽量保持线程块的大小为 32 的倍数（这样做的具体原因见第 11 章）。同时，我们应该把 from __future__ import division 放在文件的开头部分，因为我们将用 Python 3 风格的除法来计算线程块和内核函数的大小。

注意，我们假设 x 的大小必须等于 2 的幂，比如 32 或更大——如果需要处理的数组的大小不满足该条件，可以在数组中填充适当数量的 0，使其满足这一要求。

```
up_gpu = up_ker.get_function("up_ker")

def up_sweep(x):
    x = np.float64(x)
    x_gpu = gpuarray.to_gpu(np.float64(x) )
    x_old_gpu = x_gpu.copy()
    for k in range( int(np.log2(x.size) ) ) :
        num_threads = int(np.ceil( x.size / 2**(k+1)))
        grid_size = int(np.ceil(num_threads / 32))
        if grid_size > 1:
            block_size = 32
        else:
            block_size = num_threads
        up_gpu(x_gpu, x_old_gpu, np.int32(k) , block=(block_size,1,1),grid=(grid_size,1,1))
        x_old_gpu[:] = x_gpu[:]
    x_out = x_gpu.get()
    return(x_out)
```

现在，我们来实现下行扫描。同样，这里还是从内核函数开始，用于实现伪代码中内层 parfor 循环的功能。该函数的实现过程与前面的类似——类似地，这里也要用到两个数组，所以无须像伪代码中那样使用 temp 变量。另外，我们将再次使用移位运算符来获得 2 的 k 次幂和 2 的 k+1 次幂的值。这里计算 j 的方法也与之前的方法类似。

```
down_ker = SourceModule("""
__global__ void down_ker(double *y, double *y_old, int k)
{
 int j = blockIdx.x*blockDim.x + threadIdx.x;

 int _2k = 1 << k;
 int _2k1 = 1 << (k+1);


 int j = tid*_2k1;

 y[j + _2k - 1 ] = y_old[j + _2k1 - 1];
 y[j + _2k1 - 1] = y_old[j + _2k1 - 1] + y_old[j + _2k - 1];
}
""")

down_gpu = down_ker.get_function("down_ker")
```

现在，我们终于要编写重复运行内核函数的 Python 函数了——对应于下行扫描阶段的外层 for 循环。实际上，该函数与上行扫描阶段的 Python 函数非常相似。与伪代码的一个重要区别是，我们必须从外层 for 循环中的最大值向最小值进行迭代。因此，我们可以使用 Python 的 reversed 函数来实现这个功能。下面给出下行扫描阶段的实现代码：

```
def down_sweep(y):
    y = np.float64(y)
    y[-1] = 0
    y_gpu = gpuarray.to_gpu(y)
    y_old_gpu = y_gpu.copy()
    for k in reversed(range(int(np.log2(y.size)))):
        num_threads = int(np.ceil( y.size / 2**(k+1)))
        grid_size = int(np.ceil(num_threads / 32))
        if grid_size > 1:
            block_size = 32
        else:
            block_size = num_threads
        down_gpu(y_gpu, y_old_gpu, np.int32(k), block=(block_size,1,1),
grid=(grid_size,1,1))
        y_old_gpu[:] = y_gpu[:]
    y_out = y_gpu.get()
    return(y_out)
```

在实现了上行扫描与下行扫描后，最后的工作如下所示：

```
def efficient_prefix(x):
        return(down_sweep(UP_sweep(x))
```

现在，我们已经完整实现了一个主机同步版本的工作高效型并行前缀算法！（这里的代码也可以从配套资源中的 work-efficient_prefix.py 文件中找到，其中还提供了一些测试代码。）

4.6　小结

在本章中，我们首先以 LIFE 为例，介绍了 CUDA 内核函数中的众多线程是如何以线程块与网格的形式组织在一起的；然后，我们通过 CUDA 函数__syncthreads 详细介绍了线程块级别的同步，以及如何通过共享内存实现线程块级别的线程通信。由于单个线程块中容纳的线程数量有限，因此在创建的内核函数需要用到 CUDA 网格的多个线程块时，必须格外慎重地对待这个特性。

接着，我们简要介绍了并行前缀算法的相关理论，并实现了一个朴素并行前缀算法。该算法是利用单个内核函数实现的，因此它只能在大小为 1024 的数组上进行操作。它是通过__syncthreads 函数进行同步的，并在内部执行 for 和 parfor 循环。最后，我们还实现了一个工作高效型并行前缀算法（用到了 2 个内核函数以及 3 个 Python 函数）——该算法可以对任意大小的数组进行操作。其中，内核函数用于算法的内层 parfor 循环，而 Python 函数用于外层 for 循环，并负责同步内核函数的运行情况。

4.7　习题

1. 修改 simple_scalar_multiply_kernel.py 中的随机向量，使其长度变为 10000。同时，修改内核函数定义中的索引 i，使其可用于网格中的多个线程块。然后，将参数 block 和 grid 设置为 block=(100,1,1) 以及 grid=(100,1,1)，看看现在是否可以在 10000 个线程上运行这个内核函数。
2. 在习题 1 中，我们启动了一个同时利用 10000 个线程的内核函数，但是到 2018 年为止，NVIDIA 还没有发行内核数量超过 5000 个的 GPU 产品。那么，为什么我们的内核函数不仅可以运行，还能得到预期的结果呢？
3. 朴素并行前缀算法的时间复杂度为 $O(\log n)$，假设我们不仅有 n 个或更多的处理器来

处理大小为 n 的数据集，同时还配备了具有 640 个内核的 GTX 1050，以供朴素并行前缀算法使用。那么，在 `n>>640` 的情况下，渐进时间复杂度将变成多少？

4. 修改 `naive_prefix.py`，使其能够在任意大小（即数组大小可以不等于 2 的幂，而只受 1024 的限制）的数组上进行操作。
5. CUDA 设备函数 `__syncthreads` 只能同步单个线程块内的线程。那么，怎样才能在网格的所有线程块中同步所有线程呢？
6. （本习题旨在让你看到第二种并行前缀算法确实比朴素并行前缀算法更高效。）假设我们有一个大小为 32 的数据集，在这种情况下，第一种算法和第二种算法所需的“加法”运算次数到底是多少？
7. 在工作高效型并行前缀算法的实现中，我们用一个 Python 函数来重复执行内核函数并同步运算结果。为什么我们不能通过谨慎使用 `__syncthreads` 函数直接在内核函数里面使用 `for` 循环完成这些任务呢？
8. 对于通过 CUDA C 处理自身同步的内核函数实现的朴素并行前缀算法，以及通过主机处理同步并借助内核函数和 Python 函数实现的工作高效型并行前缀算法，哪种实现方式更有意义，为什么？

第 5 章　流、事件、上下文与并发性

通过学习前文我们可以发现，与 GPU 进行交互时，通常需要在主机端执行以下基本操作：

- 在 GPU 和内存之间复制数据；
- 启动内核函数。

我们知道，与单个内核函数**中**的多个线程之间的并发性相比，多个内核函数**和** GPU 内存操作的并发性肯定不在同一个级别上面。这意味着我们可以一次启动多个内存和内核函数操作，而无须等待一个操作完成后再启动另一个操作。但是，如果同时启动多个操作的话，则必须予以妥善的安置，以确保相互依赖的所有操作保持同步。也就是说，在某个内核函数的输入数据尚未完全复制到设备内存之前，我们不应该启动该内核函数，也不应该在内核函数结束运行前将该内核函数的输出数据复制到主机中。

为此，**CUDA 流**的概念应运而生了。所谓 CUDA 流，就是在 GPU 上按顺序运行的一系列操作。然而，使用单个 CUDA 流是无法获得我们所需的并发性的——要想让 GPU 的操作具有并发性，必须让主机向 GPU 发出多个 CUDA 流。也就是说，我们应该设法交替启动对应于不同 CUDA 流的 GPU 操作，以便充分利用 CUDA 流。

在本章中，我们将全面介绍 CUDA 流的概念，还将深入介绍**事件**。事件是 CUDA 流的一个特性，不仅可以用于对内核函数进行精确计时，还可以"告诉"主机给定流已经完成了哪些操作。

最后，我们将简要阐述一下 **CUDA 上下文**的概念。通常来说，这里所说的**上下文**相当于操作系统中的进程，因为 GPU 会将每个上下文的数据和内核代码封装起来，以便实现将其与当前存在于该 GPU 上的其他上下文**隔离**开来。

在本章中，我们将介绍下列主题：

- 了解设备同步和流同步的概念；
- 学习如何有效地使用流来组织并发的 GPU 操作；
- 学习如何有效地使用 CUDA 事件；
- 了解 CUDA 上下文；
- 学习如何在给定上下文中进行显式同步；
- 学习如何显式地创建和销毁 CUDA 上下文；
- 学习如何通过上下文在主机上的多个进程和线程之间共享 GPU。

5.1 技术要求

本章需要用到配备了 NVIDIA GPU（2016 年之后生产的 NVIDIA GPU）的 Linux 或 Windows 10 计算机，需要安装好所有必需的 GPU 驱动程序和 CUDA Toolkit（9.0 以上版本）软件，还需要安装好含有 PyCUDA 模块的 Python 2.7 软件（例如 Anaconda Python 2.7）。

5.2 CUDA 设备同步

在使用 CUDA 流之前，我们需要先掌握**设备同步**的概念。所谓设备同步，实际上就是这样一种操作：在指派给 GPU 的所有操作（内存传输和内核函数的执行）完成之前，主机会阻止任何进一步的执行请求。

只有这样，我们才能确保依赖于先前操作结果的操作的执行顺序不会被打乱——例如，确保在主机读取内核函数的输出结果之前先启动该 CUDA 内核函数。

对于 CUDA C 语言来说，设备同步是通过 cudaDeviceSynchronize 函数执行的。这个函数能够有效地阻止主机进一步执行其他操作，直到所有 GPU 操作完成为止。cudaDeviceSynchronize 函数如此重要，以至于 CUDA C 语言方面的图书通常都会首先介绍这个函数——本书之所以没有这么做，是因为 PyCUDA 会根据需要在幕后自动地为我们调用这个函数。下面是一段 CUDA C 示例代码，展示了手动调用这个函数的过程：

```
// Copy an array of floats from the host to the device.
cudaMemcpy(device_array, host_array, size_of_array*sizeof(float),cudaMemcpyHostToDevice);
// Block execution until memory transfer to device is complete.
```

```
cudaDeviceSynchronize();
// Launch CUDA kernel.
Some_CUDA_Kernel <<< block_size, grid_size >>> (device_array,size_of_array);
// Block execution until GPU kernel function returns.
cudaDeviceSynchronize();
// Copy output of kernel to host.
cudaMemcpy(host_array, device_array, size_of_array*sizeof(float),cudaMemcpyDeviceToHost);
// Block execution until memory transfer to host is complete.
cudaDeviceSynchronize();
```

在上述代码中，我们发现在执行单个 GPU 操作之后都会立即与设备同步。如果我们一次只需要调用一个 CUDA 内核函数的话，就像这里看到的那样，那么这种做法是无可厚非的。但是，如果我们想并发地运行多个独立的内核函数，以在不同的数据数组上执行内存操作的话，那么跨整个设备进行同步是非常低效的。在这种情况下，我们应该在多个 CUDA 流之间进行同步，具体如下文所示。

5.2.1　使用 PyCUDA 流类

接下来，我们将从一个简单的 PyCUDA 程序开始讲起。这个程序非常简单：生成多个随机的 gpuarray 对象，并且这些数组都交由一个简单的内核函数进行处理，完成相应的处理后，内核函数会将这些数组复制回主机中。在此之后，我们将着手改进这个程序，使其通过 CUDA 流来完成这些操作。注意，这个程序只用于演示 CUDA 流的用法及其所带来的性能提升，并无其他实际用途。（这个程序也可以在配套资源中的 multi-kernel.py 文件中找到。）

当然，首先需要导入相应的 Python 模块及 time 函数，具体代码如下所示：

```
import pycuda.autoinit
import pycuda.driver as drv
from pycuda import gpuarray
from pycuda.compiler import SourceModule
import numpy as np
from time import time
```

接下来，我们需要指定要处理多少个数组——在这里，这些数组将交由另一个内核函数来处理，还要指定要生成的随机数组的大小，具体代码如下所示：

```
num_arrays = 200
array_len = 1024**2
```

我们将创建一个处理数组的内核函数。该函数的作用就是遍历数组中的所有元素，将其先乘 2，再除以 2——同时，将这两个运算重复 50 次。因此，数组最终并没有发生变化。我们想要限制每个内核函数运行时所使用的线程数量，这样做可以在 GPU 上并行运行多个内核函数，从而让不同线程中的 for 循环遍历数组的不同部分。（再次声明，除了用于展示 CUDA 流和同步概念，这个内核函数没有任何实际用途！）相反，如果每个内核函数运行时都使用大量线程，我们就很难实现并发处理了：

```
ker = SourceModule("""
__global__ void mult_ker(float * array, int array_len)
{
    int thd = blockIdx.x*blockDim.x + threadIdx.x;
    int num_iters = array_len / blockDim.x;

    for(int j=0; j < num_iters; j++)
    {
        int i = j * blockDim.x + thd;

        for(int k = 0; k < 50; k++)
        {
            array[i] *= 2.0;
            array[i] /= 2.0;
        }
    }
}
""")

mult_ker = ker.get_function('mult_ker')
```

现在，我们将生成一些由随机数据构成的数组，并将这些数组复制到 GPU 中；接着，通过 64 个线程重复运行该内核函数来处理各个数组；然后，将输出数据复制回主机；最后，用 NumPy 的 allclose 函数来检验运算结果。同时，我们还将通过 Python 的 time 函数对所有操作进行计时，具体代码如下所示：

```
data = []
data_gpu = []
gpu_out = []

# generate random arrays.
for _ in range(num_arrays):
    data.append(np.random.randn(array_len).astype('float32'))

t_start = time()
```

```
# copy arrays to GPU.
for k in range(num_arrays):
    data_gpu.append(gpuarray.to_gpu(data[k]))

# process arrays.
for k in range(num_arrays):
    mult_ker(data_gpu[k], np.int32(array_len), block=(64,1,1),grid=(1,1,1))

# copy arrays from GPU.
for k in range(num_arrays):
    gpu_out.append(data_gpu[k].get())

t_end = time()

for k in range(num_arrays):
    assert (np.allclose(gpu_out[k], data[k]))

print 'Total time: %f' % (t_end - t_start)
```

现在，我们可以运行该程序了，具体如图 5-1 所示。

```
PS C:\Users\btuom\examples\5> python .\multi-kernel.py
Total time: 2.976000
```

图 5-1

可以看到，这个程序耗时接近 3 秒。接下来，我们对上面的程序稍加修改，使其使用 CUDA 流，看看性能是否有所提升。相应代码参见本书配套资源的 multi-kernel_streams.py 文件。

首先，我们注意到，内核函数每次运行时，处理的都是一组不同的数据，这些数据以 Python 列表的形式进行存储。也就是说，我们必须为每个单独的数组/内核函数启动对创建一个单独的流对象，因此需要先添加一个名为 streams 的空列表，用于保存流对象：

```
data = []
data_gpu = []
gpu_out = []
streams = []
```

现在，我们可以生成许多 CUDA 流来组织内核函数的运行。为此，我们可以通过 pycuda.driver 子模块提供的 stream 类来创建一个流对象。前文的例子已经导入了这个子模块，并将其重命名为 drv，所以我们可以用新建的 CUDA 流对象来填充列表，具体代码如下所示：

```
for _ in range(num_arrays):
    streams.append(drv.Stream())
```

现在，我们首先需要修改将数据传送到 GPU 内存的相关操作，具体过程如下所示。

- 找到通过 gpuarray.to_gpu 函数将数组复制到 GPU 的第一个循环。因为我们打算将这个函数换成异步且对 CUDA 流更加友好的版本，即 gpuarray.to_gpu_async 函数。现在，我们还必须用 stream 参数指定每个内存操作应该使用哪个 CUDA 流：

```
for k in range(num_arrays):
    data_gpu.append(gpuarray.to_gpu_async(data[k],stream=streams[k]))
```

- 现在我们可以运行内核函数了。下面的做法与前文的例子几乎没有什么区别，只是需通过 stream 参数指定要使用的 CUDA 流：

```
for k in range(num_arrays):
    mult_ker(data_gpu[k], np.int32(array_len), block=(64,1,1),grid=(1,1,1),
stream=streams[k])
```

- 最后，我们需要从 GPU 中提取数据。为此，我们可以将 gpuarray 对象的 get 函数换为 get_async 函数，并且这里也需要使用 stream 参数，具体代码如下所示：

```
for k in range(num_arrays):
    gpu_out.append(data_gpu[k].get_async(stream=streams[k]))
```

经过上述修改，程序已经对 CUDA 流更加友好了。运行情况如图 5-2 所示。

```
PS C:\Users\btuom\examples\5> python .\multi-kernel_streams.py
Total time: 0.945000
```

图 5-2

可以看到，修改后程序的性能提升了约 3 倍，鉴于修改代码的工作量甚少，所以这个结果还是可以接受的。接下来，让我们更深入了解一下这里性能提升背后的原理。

首先，让我们看一下运行两个 CUDA 内核函数的情况。在这种情况下，将内核启动前后相应的 GPU 内存操作考虑在内后，实际上共有 6 个操作。图 5-3 展示了在不同时刻，GPU 所执行的相应操作——其中，横轴表示时间，而纵轴表示 GPU 在特定时刻所执行的操作，具体如图 5-3 所示。

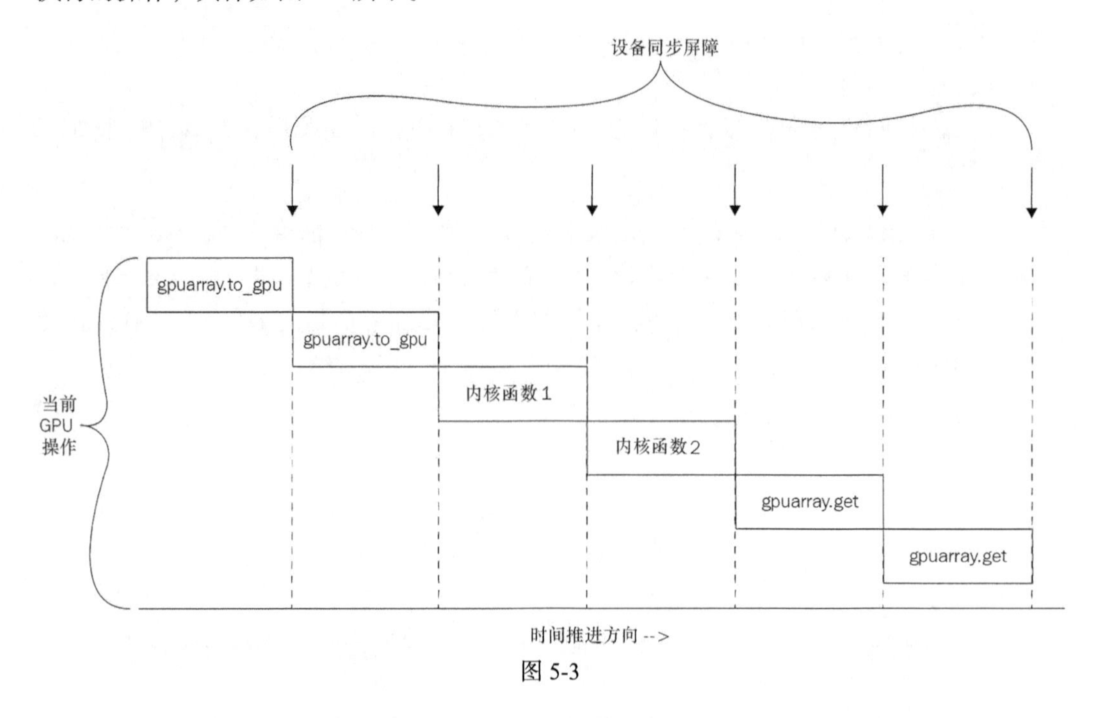

图 5-3

看了图 5-3，你就能明白 CUDA 流为什么可以显著提升性能了——单个 CUDA 流中的操作在所有必要的前置操作完成之前将一直处于阻塞状态。换句话说，我们可以让不同的 GPU 操作并发运行，以充分利用设备。我们可以通过并发操作的大量重叠来理解这一点。图 5-4 展示了基于 CUDA 流的并发操作是如何随时间推进的。

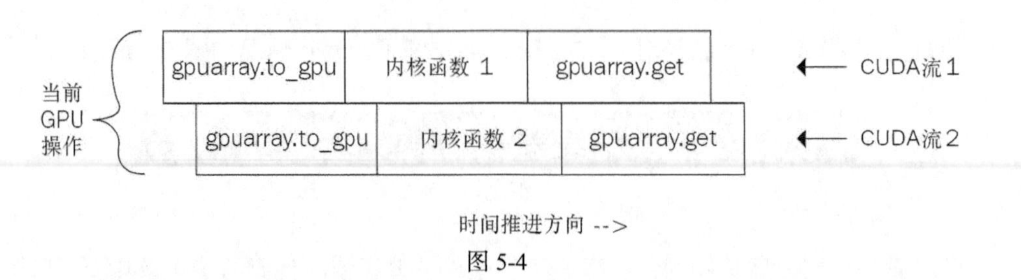

图 5-4

5.2.2　通过 CUDA 流实现并发版本的 LIFE

接下来，我们将介绍一个更有趣的应用程序——我们将对第 4 章中的 LIFE 程序进行改进，使其同时显示 4 个独立的动画窗口。

首先，让我们先复制该游戏原来的代码，你可以从配套资源中名为 4 的目录下的 `conway_gpu.py` 文件中找到完整代码。然后，我们对其进行一定的修改，让它变成一个基于 CUDA 流的、并发版本的 LIFE。[至于基于 CUDA 流的并发版本 LIFE 的代码，你可以在本章对应的目录（目录 5）中的 `conway_gpu_streams.py` 文件中找到。]

接下来，请跳转到文件末尾的 `main` 函数。在此，我们需要设置一个新变量，即 `num_concurrent`，用以表示同时显示多少个并发的动画窗口（其中 `N` 表示单元格网的高度/宽度，这与之前是一样的）。这里，我们将这个新变量的值设为 `4`。当然，只要你喜欢的话，也可以设为其他值：

```
if __name__ == '__main__':

    N = 128
    num_concurrent = 4
```

接下来，我们不仅需要为各个 `num_concurrent` 流对象分配内存空间，还需要为各个输入和输出单元格网在 GPU 上分配内存空间。当然，我们可以把这些对象都存放到列表中，并像前面一样来初始化这些单元格网。我们将定义一些空列表，并通过循环语句在这些空列表中填入相应的对象（请注意这里是如何在每次迭代时新建处于初始状态的方格，将其发送到 GPU，并附加到 `lattices_gpu` 列表的）：

```
streams = []
lattices_gpu = []
newLattices_gpu = []

for k in range(num_concurrent):
    streams.append(drv.Stream())
    lattice = np.int32( np.random.choice([1,0], N*N, p=[0.25,0.75]).reshape(N, N) )
    lattices_gpu.append(gpuarray.to_gpu(lattice))
    newLattices_gpu.append(gpuarray.empty_like(lattices_gpu[k]))
```

这个循环语句仅在该程序启动时运行一次，而计算工作大部分是在处理动画的循环语句中进行的，因此我们这里根本不用关心刚刚生成的 CUDA 流。

现在，我们将使用 Matplotlib 模块的 `subplots` 函数来搭建环境——请注意我们是如何通过设置 `ncols` 参数来创建多个动画的。我们还将定义另一个列表结构 `imgs`，用于存放动画更新所需的图像。请注意这里是如何使用 get_async 和相应的 CUDA 流来完成这些工作的，具体代码如下所示：

```
fig, ax = plt.subplots(nrows=1, ncols=num_concurrent)
imgs = []

for k in range(num_concurrent):
    imgs.append( ax[k].imshow(lattices_gpu[k].get_async(stream=streams[k]),interpolation=
'nearest') )
```

对于 main 函数来说，最后要修改的一个地方就是以 ani = animation.FuncAnimation 开头的那一行代码。这里，我们需要修改 update_gpu 函数的参数，令其使用新建的列表，还需再添加另外两个参数：一个参数用于传递 streams 列表，另一个参数用于指出同时显示的动画窗口数量：

```
ani = animation.FuncAnimation(fig, update_gpu, fargs=(imgs,newLattices_gpu, lattices
_gpu, N, streams, num_concurrent) , interval=0,frames=1000, save_count=1000)
```

现在，为了让 update_gpu 函数接收这些额外的参数，我们必须对其进行相应的修改，具体如下所示：

```
def update_gpu(frameNum, imgs, newLattices_gpu, lattices_gpu, N,
streams, num_concurrent):
```

之后，我们需要对该函数继续进行修改，使其迭代 num_concurrent 次，并像以前一样处理 imgs 列表中的各个元素，最后返回整个 imgs 列表：

```
for k in range(num_concurrent):
    conway_ker( newLattices_gpu[k], lattices_gpu[k], grid=(N/32,N/32,1),block=(32,32,
1), stream=streams[k] )
     imgs[k].set_data(newLattices_gpu[k].get_async(stream=streams[k]) )
     lattices_gpu[k].set_async(newLattices_gpu[k], stream=streams[k])

  return imgs
```

注意我们所做的修改——现在，每个内核函数都是在相应的 CUDA 流中运行的，而 get 函数也换成了与这个 CUDA 流同步的 get_async 函数。最后，循环语句中的最后一行代码，会将 GPU 数据从一个设备数组复制到另一个设备数组中，而无须进行另外的内存分配。之前，我们曾通过切片运算符 [:] 直接在数组之间复制元素，这样就无须在 GPU 上重新分配内存了。在这种情况下，切片运算符实际上充当了用于处理 gpuarray 对象的 PyCUDA 函数 set 的角色。实际上，set 函数的作用就是，将一个 gpuarray 对象复制到另一个大小相同的 gpuarray 对象中，并且无须重新分配内存。幸运的是，set 函数确实有一个支持 CUDA 流的同步版本，即 set_async 函数。但是，使用 set_async 函数时，我们需要显式地指定要复制的数组和要使用的 CUDA 流。

至此，修改工作已经大功告成，接下来我们就可以运行这个程序了。为此，请转至命令行终端，并执行 python conway_gpu_streams.py 命令，这时就可以看到程序的运行结果了，如图 5-5 所示。

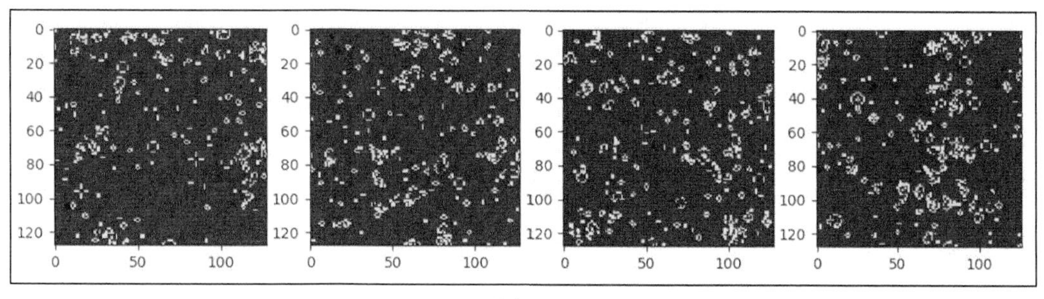

图 5-5

5.3 事件

事件是存在于 **GPU** 上的对象，其用途是充当操作流的里程碑或进度标记。事件通常用于测量代码**在设备端**的运行时间，以对操作进行精确计时。到目前为止，我们一直在用基于主机的 Python 性能分析工具和标准的 Python 库函数（如 time）来测量运行时间。事件还可以用于为主机提供关于 CUDA 流的状态和它已经完成的操作的状态更新信息，以及用于显式的、基于 CUDA 流的同步操作。

接下来，让我们先从一个简单的例子开始：该例子并没有显式地使用 CUDA 流，而是使用事件来测量单个内核函数的运行时间。实际上，即使我们没有在代码中显式使用 CUDA 流，CUDA 也会悄悄定义一个默认的 CUDA 流，并将所有操作纳入其中。

在这里，我们将继续使用本章前文的示例代码，只不过这次要进行大幅修改。就本例来说，我们想让单个内核函数的实例的运行时间更长一点，因此将为内核函数创建一个更大的随机数组，具体代码如下所示：

```
array_len = 100*1024**2
data = np.random.randn(array_len).astype('float32')
```

```
data_gpu = gpuarray.to_gpu(data)
```

现在，让我们使用构造函数 pycuda.driver.Event 来创建相应的事件。其中，pycuda.driver 已经在前面的 import 语句中被重命名为 drv。

在这里，我们将创建两个事件对象：一个用于启动内核函数的运行，另一个用于终止内核函数的运行。实际上，要想测量单个 GPU 操作的耗时，通常都会用到两个事件对象。

```
start_event = drv.Event()
end_event = drv.Event()
```

现在，我们已经为启动内核函数做好了准备。但是，在启动内核函数之前，我们必须先通过事件记录函数标记 start_event 实例在执行流中的位置。然后，让我们启动该内核函数，最后，再次通过 record 函数标记 end_event 在执行流中的位置，具体代码如下所示：

```
start_event.record()
mult_ker(data_gpu, np.int32(array_len), block=(64,1,1), grid=(1,1,1))
end_event.record()
```

事件都有一个二元值，指示它们是否已经发生，该值由函数 query 给出。让我们在内核函数启动后立即输出这两个事件的状态更新信息：

```
print 'Has the kernel started yet? {}'.format(start_event.query())
print 'Has the kernel ended yet? {}'.format(end_event.query())
```

现在，让我们运行一下程序，看看效果如何，如图 5-6 所示。

```
PS C:\Users\btuom\examples\5> python .\simple_event_example.py
Has the kernel started yet? False
Has the kernel ended yet? False
```

图 5-6

我们的最终目标是什么？当然是测量内核函数执行的时间了，但是从上面的输出来看，内核函数貌似尚未启动。实际上，PyCUDA 中的内核函数（无论它们是否存在于特定的 CUDA 流中）已经异步启动了，因此我们必须确保主机代码与 GPU 正确同步。

end_event 对象被安排在最后，因此在这个事件对象的同步函数的作用下，将一直阻止其他主机代码被执行，直到该内核函数结束为止。这样就能够确保内核函数在执行其他主机代码之前已经结束运行。接下来，让我们在适当的地方添加一行代码：

```
end_event.synchronize()

print 'Has the kernel started yet? {}'.format(start_event.query())

print 'Has the kernel ended yet? {}'.format(end_event.query())
```

现在，我们终于为测量内核函数的执行时间做好准备了。在这里，我们使用事件对象的 time_till 或 time_since 函数来完成该任务，以便与另一个事件对象进行比较，从而获得这两个事件之间的用时（以毫秒为单位）。下面让我们将 start_event 对象的 time_till 函数应用于 end_event 对象：

```
print 'Kernel execution time in milliseconds: %f ' %
start_event.time_till(end_event)
```

我们可以通过 time_till 和 time_since 函数来测量 GPU 上两个事件之间的时间间隔。注意，这些函数的返回值总是以毫秒为单位！

让我们再次运行程序，结果如图 5-7 所示。

```
PS C:\Users\btuom\examples\5> python .\simple_event_example.py
Has the kernel started yet? True
Has the kernel ended yet? True
Kernel execution time in milliseconds: 1047.391235
```

图 5-7

注意，该示例的完整代码也可以在配套资源中的 simple_event_example.py 文件中找到。

事件与 CUDA 流

接下来，我们开始介绍如何使用与 CUDA 流有关的事件对象。借助于这些事件对象，我们不仅可以对各种 GPU 操作流进行精细的控制，还可以通过 query 函数准确了解每个 CUDA 流的执行进度，甚至可以让特定的 CUDA 流与主机保持同步，同时忽略其他 CUDA 流。

不过，我们必须首先认识到这一点——各个 CUDA 流必须拥有自己的专用事件对象集合，并且多个 CUDA 流不能共享同一个事件对象。让我们通过修改前面的示例程序，即 multi_kernel_streams.py，来看看这到底意味着什么。在内核函数定义代码后面，让我们再添加两个空列表，即 start_events 和 end_events 列表。我们将用事件对象来填充这些列表，这些对象将对应于各个 CUDA 流。

这样我们就能对每个 CUDA 流中 GPU 操作进行计时了，因为每个 GPU 操作都需要两个事件：

```
data = []
data_gpu = []
gpu_out = []
streams = []
start_events = []
end_events = []

for _ in range(num_arrays):
    streams.append(drv.Stream())
    start_events.append(drv.Event())
    end_events.append(drv.Event())
```

现在，我们将修改第二个循环语句，以便记录内核函数运行过程中启动事件和结束事件所对应的时刻，这样就可以单独计算每个内核函数的运行时间了。注意，这里存在多个 CUDA 流，所以我们必须输入适当的 CUDA 流，以作为每个事件对象的 `record` 函数的参数。还需注意的是，我们也可以在第二个循环语句中捕获结束事件。这样不但可以完美地捕获内核函数的运行时间，而且在启动后续的内核函数时不会带来任何延迟。请考虑以下代码：

```
for k in range(num_arrays):
    start_events[k].record(streams[k])
    mult_ker(data_gpu[k], np.int32(array_len), block=(64,1,1),grid=(1,1,1), stream=
streams[k])

for k in range(num_arrays):
    end_events[k].record(streams[k])
```

现在，我们将计算每个内核函数的运行时间。首先，在迭代断言检查之后添加一个新的空列表，并通过 `time_till` 函数填充持续时间：

```
kernel_times = []
for k in range(num_arrays):
   kernel_times.append(start_events[k].time_till(end_events[k]))
```

然后在末尾部分添加两条 `print` 语句，用于显示内核函数执行时间的平均值和标准差：

```
print 'Mean kernel duration (milliseconds): %f' % np.mean(kernel_times)
print 'Mean kernel standard deviation (milliseconds): %f' %
np.std(kernel_times)
```

现在，我们可以运行该程序了，结果如图 5-8 所示。

```
PS C:\Users\btuom\examples\5> python .\multi-kernel_events.py
Total time: 1.078000
Mean kernel duration (milliseconds): 71.417903
Mean kernel standard deviation (milliseconds): 6.401030
```

图 5-8

注意，该示例程序也可以在配套资源的 `multi-kernel_events.py` 文件中找到。

我们看到，内核函数运行时间的标准差相对较小，这是个好现象，毕竟每个内核函数都是在相同大小的线程块和网格上处理相同数量的数据的——如果标准差很大的话，则意味着内核函数在运行过程中对 GPU 的使用是非常不均衡的，这样我们将不得不重新调整参数，以获得更高的并发性。

5.4 上下文

CUDA 上下文类似于操作系统中的进程，那么这意味着什么呢？我们知道，进程是运行在计算机上的单个程序的实例，除了操作系统内核，程序都是通过进程来运行的，并且每个进程有自己的一组指令、变量以及为其分配的内存空间。一般来说，这些对于其他进程的操作和内存来说，都是不可见的。当进程结束时，操作系统的内核会执行清理工作，以释放为进程分配的所有内存，并关闭进程使用的所有文件、网络连接以及其他资源。Linux 用户可以使用 `top` 命令查看计算机上运行的进程，而 Windows 用户可以使用 Windows 任务管理器查看计算机上正在运行的进程。

与进程类似，上下文与正在使用 GPU 的单个主机程序密切相关。实际上，上下文是需要占用一定的内存空间的。其中，一部分内存空间用于保存 CUDA 内核函数代码，其他内存空间用于为内核函数分配内存空间。同样，这些资源对于当前存在的其他上下文中的内核函数及其使用的内存空间来说都是透明的。当上下文被销毁时（例如，当基于 GPU 的程序运行结束后），GPU 会清空上下文内的所有代码以及为其分配的内存空间，释放该上下文占用的资源，供当前其他的上下文和未来的上下文使用。到目前为止，之前编写的程序都只存在于单个上下文中，因此我们还没有机会了解这些操作和概念。

还需要注意的是，虽然单个程序是以单个进程的形式运行的，但我们可以通过 `fork` 函数让进程进行自我克隆，从而实现单个程序在多个进程或线程中运行的效果。类似地，单个 CUDA 主机程序也可以在 GPU 上生成并使用多个 CUDA 上下文。通常情况下，通过 fork 函数克隆主机进程或线程来获得主机端的并发性时，我们会创建一个新的上下文。（需要强调的是，主机进程和 CUDA 上下文之间并没有精确的一对一关系）。

正如生活中的许多其他领域一样，这里也将从一个简单的例子着手。我们将首先了解如何访问程序的默认上下文并与之同步。

5.4.1 同步当前上下文

我们将学习如何在 Python 中显式地通过上下文实现设备同步，就像在 CUDA C 中那样。这实际上是学习 CUDA C 时需要掌握的最基本的技能之一，并且大多数关于 CUDA C 的其他图书都会在第 1 章或第 2 章中介绍这个技能。但在本节之前，我们一直没有讲解这个技能，因为 PyCUDA 已经通过 pycuda.gpuarray 函数（如 to_gpu 或 get）自动完成了大多数的同步工作。在使用 to_gpu_async 或 get_async 函数的情况下，同步工作则是由 CUDA 流来处理的。

下面我们将沿用第 3 章中编写的程序代码，并加以适当的修改，使其通过显式的上下文同步操作来生成 Mandelbrot 集图像。（需要提示的是，该程序的代码也可以从配套资源中目录 3 下面的 gpu_mandelbrot0.py 文件中找到。）

这里的目标并不是提升原来的 Mandelbrot 集程序的性能，而是重点介绍 CUDA 上下文和 GPU 同步的相关概念。

在该程序的开头部分，我们可以看到 import pycuda.autoinit 语句。导入这个模块后，我们不仅可以通过 pycuda.autoinit.context 来访问当前上下文对象，还可以通过调用 pycuda.autoinit.context.synchronize 函数在当前上下文中进行同步操作。

让我们开始修改 gpu_mandelbrot 函数，以处理显式同步。其中，与 GPU 相关的代码如下所示：

```
mandelbrot_lattice_gpu = gpuarray.to_gpu(mandelbrot_lattice)
```

现在，我们要对其进行相应的修改，使其使用显式同步。为此，我们可以用 to_gpu_async 函数将数据异步复制到 GPU，然后再进行同步处理，具体代码如下所示：

```
mandelbrot_lattice_gpu = gpuarray.to_gpu_async(mandelbrot_lattice)
pycuda.autoinit.context.synchronize()
```

在上述代码后面，我们可以看到一行使用 gpuarray.empty 函数在 GPU 上分配内存的代码。由于 GPU 架构特性的关系，CUDA 中的内存分配是自动同步的，因此这里没有等价的异步内存分配代码与之对应。因此，我们将保留这行代码，而不做任何修改。

记住，CUDA 中的内存分配总是同步的！

现在，继续考察接下来的代码。可以看到，Mandelbrot 内核函数是通过调用 mandel_ker 函数来运行的，并且通过调用 get 函数来复制 Mandelbrot gpuarray 对象的相关内容。为了在内核函数运行后进行同步处理，我们需要将 get 函数改成 get_async 函数，并通过最后一行代码实现同步：

```
mandel_ker( mandelbrot_lattice_gpu, mandelbrot_graph_gpu,
np.int32(max_iters), np.float32(upper_bound))
pycuda.autoinit.context.synchronize()
mandelbrot_graph = mandelbrot_graph_gpu.get_async()
pycuda.autoinit.context.synchronize()
```

现在如果运行该程序的话，将会生成一幅 Mandelbrot 集图像，并将其保存至硬盘。

注意，该示例程序也可以在配套资源的 gpu_mandelbrot_context_sync.py 文件中找到。

5.4.2 手动创建上下文

到目前为止，我们编写的 PyCUDA 程序都在开头部分导入了 pycuda.autoinit 模块。导入这个模块后，程序便会在启动时创建一个上下文，并在程序结束时将其销毁。

现在，让我们尝试手动执行该操作。我们将编写一个示例程序，使之具备这样的功能：先把一个数组复制到 GPU，然后再复制回主机，并输出数组，最后退出。

下面让我们从导入相关模块开始介绍：

```
import numpy as np
from pycuda import gpuarray
import pycuda.driver as drv
```

首先，使用 pycuda.driver.init 函数初始化 CUDA，其中，drv 是 pycuda.driver.init 函数的别名：

```
drv.init()
```

然后选择要使用哪个 GPU。这一步对于有多个 GPU 的机器来说是非常必要的。实际上，我们可以用 pycuda.driver.Device 来选择特定的 GPU。如果机器上只有一个 GPU 的话，则可以用 pycuda.driver.Device(0)访问它，代码如下所示：

```
dev = drv.Device(0)
```

接下来，我们就可以通过 make_context 在这个设备上新建一个上下文了，代码如下所示：

```
ctx = dev.make_context()
```

现在，我们已经创建了一个新的上下文，并且自动成为默认的上下文。接下来，让我们先把一个数组复制到 GPU 中，然后复制回主机，并将其输出：

```
x = gpuarray.to_gpu(np.float32([1,2,3]))
print x.get()
```

在此之后，我们就可以通过调用 pop 函数销毁上下文了，代码如下所示：

```
ctx.pop()
```

大功告成！需要牢记的是，一定要在程序退出之前销毁我们用 pop 函数显式创建的上下文。

该程序的代码可以从配套资源对应目录下面的 simple_context_create.py 文件中找到。

5.4.3　主机端多进程与多线程技术

当然，有时我们也会寻求通过在主机的 CPU 上使用多个进程或线程来获得主机端的并发性。接下来，让我们先来了解一下主机端操作系统中进程与线程的区别。

实际上，操作系统内核之外的主机端程序都是以进程的形式来运行的，当然，同一个程序也可以存在于多个进程中。每个进程有自己的内存空间，因为它可以与其他进程同时运行，并且独立于所有其他进程。一般来说，一个进程对其他进程来说是不可见的，尽管多个进程可以通过套接字或管道进行通信。在 Linux 和 UNIX 操作系统中，我们可以通过 fork 系统调用来新建进程。

相比之下，一个主机端线程则存在于单个进程内，当然，多个线程也可以位于单个进程内。单个进程中的多个线程是并发运行的。同一进程中的所有线程共享进程内的同一个地址空间，并可以访问相同的共享变量和数据。通常情况下，多线程之间的数据访问都会使用资源锁，这样可以避免出现争用情况。在 C、C++或 Fortran 等编译型语言中，通常会通过 Pthreads 或 OpenMP API 来管理多进程或多线程。

当然，线程要比进程轻量级得多，因此，操作系统内核在单个进程中的多个线程之间切换任务，要比在多个进程之间切换任务快得多。通常情况下，操作系统内核会在不同的 CPU 内核上自动执行不同的线程和进程，以实现真正的并发处理。

Python 的一个特点是，虽然可以借助 `threading` 模块支持多线程技术，但实际上，所有线程是在同一个 CPU 内核上运行的。出现这种情况，一方面与 Python 是一种解释型脚本语言相关，另一方面也与 Python 的全局标识符锁（Global Identifier Lock, GIL）脱不开干系。要想让 Python 在主机上实现真正的多核并发处理，我们必须用 `multiprocessing` 模块生成多个进程。

然而，鉴于 Windows 操作系统的进程处理方式，`multiprocessing` 模块目前在 Windows 下无法发挥出相应的威力。Windows 用户要想获得主机端的并发性，除了使用单核多线程技术，别无选择。

接下来，我们将演示如何在 Python 中通过两个线程来执行基于 GPU 的操作。对于 Linux 用户来说，通过把 `threading` 的引用改为 `multiprocessing`，把 `Thread` 的引用改为 `Process`，就能轻松将 CPU 的操作扩展到进程上面，因为这两个模块的外观和操作都很相似。然而，鉴于 PyCUDA 的特性，我们必须为每个使用 GPU 的线程或进程创建一个新的 CUDA 上下文。

好了，让我们看看具体该如何去做。

5.4.4 实现主机端并发的多上下文

让我们首先用一个简单的示例简要回顾一下如何在 Python 中创建单个可以向主机返回值的主机线程。（该示例程序可以从配套资源的 `single_thread_example.py` 文件中找到。）我们将通过 `threading` 模块中的 `Thread` 类来派生一个子类，代码如下所示：

```
import threading
class PointlessExampleThread(threading.Thread):
```

首先，创建构造函数。为此，我们将调用父类的构造函数，并在对象内创建一个空变量，用于存放线程的返回值：

```
def __init__(self):
```

```
        threading.Thread.__init__(self)
        self.return_value = None
```

接着，在线程类中创建 run 函数，也就是在线程启动时将要执行的函数。该函数的作用非常简单，只需输出一行内容，并设置返回值即可：

```
    def run(self):
        print 'Hello from the thread you just spawned!'
        self.return_value = 123
```

最后，我们还必须创建一个 join 函数，以便接收来自该线程的返回值：

```
    def join(self):
        threading.Thread.join(self)
        return self.return_value
```

线程类创建好了。接下来，让我们启动该类的一个实例，即 NewThread 对象，并通过调用 start 方法来生成新线程。然后，通过调用 join 函数来阻塞执行流，并从主机线程那里获得相应的输出结果：

```
NewThread = PointlessExampleThread()
NewThread.start()
thread_output = NewThread.join()
print 'The thread completed and returned this value: %s' % thread_output
```

该程序的运行结果如图 5-9 所示。

```
PS C:\Users\btuom\examples\5> python .\single_thread_example.py
Hello from the thread you just spawned!
The thread completed and returned this value: 123
```

图 5-9

现在，我们可以将这种思路扩展到主机上的多个并发线程之间，以多上下文和线程的方式来并发执行多个 CUDA 操作。下面我们来看最后一个例子。这里，我们将继续沿用本章前文介绍的示例代码，不同之处在于，我们将在生成的各个线程中运行用于完成乘、除运算的内核函数。

首先，我们来看看导入语句。由于要显式创建上下文，因此这里需要移除 pycuda.autoinit 模块，并导入 threading 模块：

```
import pycuda
import pycuda.driver as drv
from pycuda import gpuarray
from pycuda.compiler import SourceModule
```

```
import numpy as np
from time import time
import threading
```

其中，数组的大小保持不变，不同之处在于，这里将在线程数量和数组数量之间建立直接的对应关系。

通常来说，在主机上创建的线程数量不宜超过 20 个，因此这里我们将使用 10 个数组，代码如下所示：

```
num_arrays = 10
array_len = 1024**2
```

我们将原来的内核函数存储为字符串对象。因为它只能在一个上下文中进行编译，所以我们必须在各个线程中单独对其进行编译：

```
kernel_code = """
__global__ void mult_ker(float * array, int array_len)
{
     int thd = blockIdx.x*blockDim.x + threadIdx.x;
     int num_iters = array_len / blockDim.x;
    for(int j=0; j < num_iters; j++)
     {
     int i = j * blockDim.x + thd;
     for(int k = 0; k < 50; k++)
     {
         array[i] *= 2.0;
         array[i] /= 2.0;
     }
 }
}
"""
```

我们终于可以着手创建所需的类了。跟之前一样，这里也将通过 threading.Thread 派生另一个子类，并创建一个构造函数，该构造函数的一个参数用于接收输入数组。然后，我们将通过 None 来初始化输出变量，代码如下所示：

```
class KernelLauncherThread(threading.Thread):
    def __init__(self, input_array):
        threading.Thread.__init__(self)
        self.input_array = input_array
        self.output_array = None
```

现在，我们开始编写 run 函数：需要选择相应的设备，在设备上创建上下文，编译内核，并提取内核函数的引用。请注意 self 对象在这里的用法：

```
def run(self):
    self.dev = drv.Device(0)
    self.context = self.dev.make_context()
    self.ker = SourceModule(kernel_code)
    self.mult_ker = self.ker.get_function('mult_ker')
```

接下来，我们将数组复制到 GPU，启动内核函数，并将输出内容复制回主机，随后销毁该上下文，代码如下所示：

```
self.array_gpu = gpuarray.to_gpu(self.input_array)
self.mult_ker(self.array_gpu, np.int32(array_len), block=(64,1,1),grid=(1,1,1))
self.output_array = self.array_gpu.get()
self.context.pop()
```

最后，我们开始创建 join 函数。该函数的作用是将 output_array 返回至主机，代码如下所示：

```
def join(self):
    threading.Thread.join(self)
    return self.output_array
```

子类已经创建好了。接下来，我们需要创建一些空列表，以保存相关的随机测试数据、线程对象以及线程的输出值，还需要创建一些随机数组来充当待处理的数据，并定义一个内核函数启动器线程列表，列表中的每个元素对应于一个待处理的数组：

```
data = []
gpu_out = []
threads = []
for _ in range(num_arrays):
    data.append(np.random.randn(array_len).astype('float32'))
for k in range(num_arrays):
 threads.append(KernelLauncherThread(data[k]))
```

接下来，我们将启动各个线程对象，并通过 join 函数将其输出结果提取到 gpu_out 列表中：

```
for k in range(num_arrays):
    threads[k].start()

for k in range(num_arrays):
    gpu_out.append(threads[k].join())
```

最后，我们对输出数组进行简单的检查，以确保它们与输入数组相同：

```
for k in range(num_arrays):
    assert (np.allclose(gpu_out[k], data[k]))
```

这个示例的代码也可以从配套资源的 multi-kernel_multi-thread.py 文件中找到。

5.5 小结

在本章中，我们首先介绍了设备同步以及从主机端同步 GPU 上的操作的重要性。同步的作用在于，如果某些操作依赖于前面操作的运行结果的话，那么可以让这些被依赖的操作先执行，等待它们完成后，再执行后续的操作。实际上，在前文中，同步一直在幕后默默地发挥作用，因为 PyCUDA 一直在为我们自动处理与同步相关的事项。我们还介绍了 CUDA 流，其作用是允许独立的操作序列同时在 GPU 上执行，而不需要在整个 GPU 上同步，因此可以大幅提高运行性能。我们还讲解了 CUDA 事件的相关知识，用它对给定 CUDA 流中的单个 CUDA 内核函数进行计时，并确定 CUDA 流中的特定操作是否已经出现。在此之后，我们还介绍了上下文——上下文类似于主机操作系统中的进程。

我们还介绍了如何显式地同步整个 CUDA 上下文，以及如何创建和销毁上下文，最后探索了如何在 GPU 上生成多个上下文，以允许主机上的多个线程或进程同时使用 GPU。

5.6 习题

1. 根据 5.2.1 节示例的内核函数启动参数，内核函数将在 64 个线程上运行。如果我们增加线程数量，直至大于等于 GPU 的内核数量，会对该示例的原始版本与 CUDA 流版本的性能产生哪些影响？
2. 参考 5.2 节给出的 CUDA C 示例（该示例为我们展示了 cudaDeviceSynchronize 的用法），请问在不使用 CUDA 流而只使用 cudaDeviceSynchronize 的情况下，可以在多个内核函数之间实现某种程度的并发性吗？
3. 如果你是 Linux 用户，请修改 5.4.4 节的示例，以便可以在进程而非线程上进行操作。

4. 参考 `multi-kernel_events.py` 程序。前文提到，内核函数执行时间的标准差很小是一件好事，那么为什么说标准差很大并不是一个好现象？
5. 我们在 5.4.4 节的示例中只用了 10 个主机端线程。为什么在主机端启动并发的 GPU 操作时必须使用较少数量的线程或进程？

第 6 章　CUDA 代码的调试与性能分析

在本章中，我们将介绍如何借助各种方法和工具，对 GPU 代码进行调试和性能分析。对于纯 Python 代码来说，我们可以使用诸如 Spyder 和 PyCharm 之类的 IDE 进行调试，但对于本书介绍的 GPU 代码来说，这些 IDE 却爱莫能助——别忘了，GPU 代码本身是用 CUDA C 语言编写的，而 PyCUDA 只提供了一个接口而已。因此，调试 CUDA 内核函数的第一种方法也是最简单的方法就是使用 `printf` 函数。实际上，我们完全可以在 CUDA 内核函数中直接调用它，从而将相关信息输出到标准输出设备。在本章中，你将看到如何在 CUDA 的上下文中使用 `printf` 函数，以及如何有效地通过它来进行调试。

接下来，我们将介绍一些必要的 CUDA C 编程知识，以便可以直接使用 NVIDIA Nsight IDE 编写 CUDA 程序。这样的话，我们就能通过 CUDA C 重现前文的示例，并对其运行结果进行检查。我们还会介绍如何用 NVCC 编译器和 Nsight IDE 从命令行编译 CUDA C 程序；然后介绍如何在 Nsight 内进行调试，并使用 Nsight 来理解 CUDA 锁步特性；最后概述如何借助 NVIDIA 命令行和 Visual Profiler 来完成代码的性能分析工作。

在本章中，我们将介绍下列主题：

- 通过 `printf` 函数调试 CUDA 内核函数；
- 编写完整的 CUDA C 程序，为调试 CUDA 程序创建测试用例；
- 用 NVCC 编译器在命令行环境下编译 CUDA C 程序；
- 用 NVIDIA Nsight IDE 开发和调试 CUDA 程序；
- CUDA 线程束锁步特性，以及单个 CUDA 线程束应避免分支分化的原因；
- 如何有效地使用 NVIDIA 命令行和 Visual Profiler 来处理 GPU 代码。

6.1　技术要求

本章需要用到配备了 NVIDIA GPU（2016 年以后的版本）的 Linux 或 Windows 10 计算机，并且需要安装好所有必需的 GPU 驱动程序和 CUDA Toolkit（9.0 以上版本）软件，还需要安装好含有 PyCUDA 模块的 Python 2.7 软件（例如 Anaconda Python 2.7）。

6.2　在 CUDA 内核函数中使用 printf 函数

看到本节的标题，你可能会感到非常惊讶，但在 CUDA 内核函数中，我们的确可以通过 `printf` 直接将文本信息显示到标准输出设备，不仅如此，每个单独的线程可以生成自己的输出。当调试内核函数时，`printf` 函数对我们来说是非常有用的，因为有时需要在代码的特定位置监视特定变量的值或计算结果，同时，它还能够帮我们摆脱调试器单步调试的束缚。CUDA 内核函数输出结果是通过 C/C++编程语言中基本的一个函数来完成的，如果你熟悉 C 语言，就会明白实际上在编写第一个 Hello world 程序时就用过这个函数——`printf`。当然，`printf` 函数是将字符串输出到标准输出设备的标准函数，并且无论是在 C 语言中，还是在 Python 语言中，`printf` 函数的作用和用法几乎完全相同。

现在，让我们先简单回顾一下 `printf` 函数的用法，然后再介绍如何在 CUDA 中使用它。首先要记住的是，`printf` 始终将字符串作为其第一个参数。所以，要想使用 C 语言中输出 `Hello world!`，可以使用 `printf("Hello world!\n");`语句来完成任务。其中，`\n` 表示回车符，也就是说，其作用是在终端中另起一行。如果我们想要直接从 C 代码中输出常量或变量，则需要为 `printf` 函数提供多个参数。例如，要想把整数 `123` 显示到标准输出设备上，则可以使用 `printf("%d", 123);` 语句。其中，`%d` 表示该字符串后面是一个整数。

类似地，我们也使用`%f`、`%e` 或`%g` 来输出浮点数（其中`%f` 表示使用十进制表示法；`%e` 表示使用科学表示法；而`%g` 表示使用最短表示法，无论是十进制表示法还是科学表示法）。我们甚至可以连续输出多个值，但一定要按正确的顺序放置这些说明符，例如 `printf("%d is a prime number, %f is close to pi, and %d is even.\n", 17, 3.14, 4);` 语句将在终端中输出 `17 is a prime number, 3.14 is close to pi, and 4 is even.`。

在本书内容讲解过半之际，我们终于要着手通过 CUDA 编写一个并行的 `Hello world` 程序了！首先，我们需要将适当的模块导入 Python 脚本，然后就可以编写内核函数了。这里，我们将从输出每个单独线程的线程块和网格标识开始（这里仅在一维线程块和网格中运行该示例，因此我们只需要 x 值）：

```
ker = SourceModule('''
__global__ void hello_world_ker()
{
    printf("Hello world from thread %d, in block %d!\\n", threadIdx.x,blockIdx.x);
```

让我们对上述代码稍加解释。首先，注意这里使用的是`\\n`，而不是`\n`。这是因为，在 Python 中三重引号中的`\n` 将被解释为“换行符”，因此，我们必须使用双反斜杠来指出，这里就是要使用反斜杠后字符串的字面值，以便将`\n` 直接传递到 CUDA 编译器中。

接下来，我们将输出线程块和网格大小方面的信息，但又希望确保在每个线程完成其第一个 `printf` 命令之后再输出这些信息。为此，我们可以将其放入`__syncthreads` 函数中，以确保在执行第一个 `printf` 函数之后，每个单独的线程都会进行同步。

现在，我们希望线程块和网格的大小只在终端显示一次，如果将 `printf` 语句放到这里的话，那么每个线程将输出相同的信息。为此，我们可以规定只让一个指定的线程向终端输出信息，比如，指定第 0 个线程块中的第 0 个线程，因为无论线程块和网格的维度如何变化，这个线程肯定是存在的。可以用 C 语言中的 `if` 语句来完成这一任务：

```
if(threadIdx.x == 0 && blockIdx.x == 0)
{
```

现在将输出线程块和网格的维数，并结束 if 语句，同时也将结束 CUDA 内核函数：

```
 printf("-------------------------------------\\n");
 printf("This kernel was launched over a grid consisting of %d blocks,\\n",gridDim.x);
 printf("where each block has %d threads.\\n", blockDim.x);
 }
}
''')
```

提取内核函数的引用，然后在由两个线程块组成的网格上运行它，其中每个线程块包含 5 个线程：

```
hello_ker = ker.get_function("hello_world_ker")
```

```
hello_ker( block=(5,1,1), grid=(2,1,1) )
```

运行程序（完整代码参见配套资源的 hello-world_gpu.py 文件），结果如图 6-1 所示。

```
PS C:\Users\btuom\examples\6> python .\hello-world_gpu.py
Hello world from thread 0, in block 1!
Hello world from thread 1, in block 1!
Hello world from thread 2, in block 1!
Hello world from thread 3, in block 1!
Hello world from thread 4, in block 1!
Hello world from thread 0, in block 0!
Hello world from thread 1, in block 0!
Hello world from thread 2, in block 0!
Hello world from thread 3, in block 0!
Hello world from thread 4, in block 0!
-------------------------------------
This kernel was launched over a grid consisting of 2 blocks,
where each block has 5 threads.
```

图 6-1

利用 printf 函数调试代码

接下来，我们将通过一个具体的示例来演示如何利用 printf 调试 CUDA 内核函数。虽然这种方法没有科学理论作为指导，但是，我们完全可以通过经验来掌握这种方法。下面是一个用于矩阵-矩阵乘法的 CUDA 内核函数，并且代码中有多处 bug。（完整代码参见配套资源的 broken_matrix_ker.py 文件。）

在继续研究该示例之前，让我们简单回顾一下矩阵-矩阵乘法。假设有两个 $N\times N$ 大小的矩阵，即矩阵 $\boldsymbol{A}$ 和矩阵 $\boldsymbol{B}$，两者相乘后会得到另一个矩阵 $\boldsymbol{C}$，其大小为 $\boldsymbol{AB}=\boldsymbol{C}$。为此，我们可以通过遍历所有元组 $i,j\in\{0,\cdots,N-1\}$，并将相应的值设置为矩阵 $\boldsymbol{A}$ 的第 i 行和矩阵 $\boldsymbol{B}$ 的第 j 列的点积来实现该运算：$\boldsymbol{C}[i,j]=\boldsymbol{A}[i,:]\cdot\boldsymbol{B}[:,j]$。

也就是说，输出矩阵 $\boldsymbol{C}$ 中位于第 i 行第 j 列的元素可以通过下列方式求出：

$$\boldsymbol{C}[i,j]=\sum_{k=0}^{N-1}\boldsymbol{A}[i,k]\boldsymbol{B}[k,j]\qquad i,j\in\{0,\cdots,N-1\}$$

假设我们已经写好了一个执行矩阵-矩阵乘法的内核函数，该函数的输入包括两个表示输入矩阵的数组，以及一个预分配的浮点型数组（输出结果将被写入其中），还有一个表示矩阵的高度和宽度的整数（我们假设所有的矩阵都是相同大小的且为方阵）。在这里，我们将通过一维 float *数组来表示这些矩阵：每个数组表示一行，在一维空间中逐行展开。此外，实现该算法时，请务必让每个 CUDA 线程处理输出矩阵中的单个行和列元组。

我们还编写了一个简单的测试用例，以便与 CUDA 中矩阵-矩阵乘法的输出结果进行比对。具体来说，就是通过一个断言来检查两个 4×4 矩阵运算结果是否正确，代码如下所示：

```
test_a = np.float32( [xrange(1,5)] * 4 )
test_b = np.float32([xrange(14,10, -1)]*4 )
output_mat = np.matmul(test_a, test_b)

test_a_gpu = gpuarray.to_gpu(test_a)
test_b_gpu = gpuarray.to_gpu(test_b)
output_mat_gpu = gpuarray.empty_like(test_a_gpu)

matrix_ker(test_a_gpu, test_b_gpu, output_mat_gpu, np.int32(4),
block=(2,2,1), grid=(2,2,1))

assert( np.allclose(output_mat_gpu.get(), output_mat) )
```

现在，我们可以运行一下这个程序，结果如图 6-2 所示。

```
PS C:\Users\btuom\examples\6> python .\broken_matrix_ker.py
Traceback (most recent call last):
  File ".\broken_matrix_ker.py", line 64, in <module>
    assert( np.allclose(output_mat_gpu.get(), output_mat) )
AssertionError
PS C:\Users\btuom\examples\6>
```

图 6-2

让我们了解一下这里的 CUDA C 代码。实际上，这段代码是由一个内核函数和一个设备函数组成的：

```
ker = SourceModule('''
// row-column dot-product for matrix multiplication
__device__ float rowcol_dot(float *matrix_a, float *matrix_b, int row, int
col, int N)
{
 float val = 0;

 for (int k=0; k < N; k++)
 {
     val += matrix_a[ row + k*N ] * matrix_b[ col*N + k];
 }
 return(val);
}
```

```
// matrix multiplication kernel that is parallelized over row/column
tuples.

__global__ void matrix_mult_ker(float * matrix_a, float * matrix_b, float *
output_matrix, int N)
{
 int row = blockIdx.x + threadIdx.x;
 int col = blockIdx.y + threadIdx.y;

 output_matrix[col + row*N] = rowcol_dot(matrix_a, matrix_b, col, row, N);
}
''')
```

我们想在整个 CUDA 代码中恰当地放置 `printf` 函数，以便监视内核函数和设备函数中的变量和值，还应确保在每次调用 `printf` 函数时，都能将线程和线程块编号与这些变量和值一起输出。

我们从内核函数的入口点开始，这里有两个变量，即 `row` 和 `col`，所以应该立即检查这两个变量的值，为此可以将下面的代码放到这两个变量之后（因为这里是在两个维度上并发处理的，所以我们应该输出 `threadIdx` 和 `blockIdx` 的 `x` 值和 `y` 值）：

```
printf("threadIdx.x,y: %d,%d blockIdx.x,y: %d,%d -- row is %d, col is
%d.\\n", threadIdx.x, threadIdx.y, blockIdx.x, blockIdx.y, row, col);
```

再次运行程序，我们得到图 6-3 所示的输出内容。

```
PS C:\Users\btuom\examples\6> python .\broken_matrix_ker.py
threadIdx.x,y: 0,0 blockIdx.x,y: 1,0 -- row is 1, col is 0.
threadIdx.x,y: 1,0 blockIdx.x,y: 1,0 -- row is 2, col is 0.
threadIdx.x,y: 0,1 blockIdx.x,y: 1,0 -- row is 1, col is 1.
threadIdx.x,y: 1,1 blockIdx.x,y: 1,0 -- row is 2, col is 1.
threadIdx.x,y: 0,0 blockIdx.x,y: 1,1 -- row is 1, col is 1.
threadIdx.x,y: 1,0 blockIdx.x,y: 1,1 -- row is 2, col is 1.
threadIdx.x,y: 0,1 blockIdx.x,y: 1,1 -- row is 1, col is 2.
threadIdx.x,y: 1,1 blockIdx.x,y: 1,1 -- row is 2, col is 2.
threadIdx.x,y: 0,0 blockIdx.x,y: 0,0 -- row is 0, col is 0.
threadIdx.x,y: 1,0 blockIdx.x,y: 0,0 -- row is 1, col is 0.
threadIdx.x,y: 0,1 blockIdx.x,y: 0,0 -- row is 0, col is 1.
threadIdx.x,y: 1,1 blockIdx.x,y: 0,0 -- row is 1, col is 1.
threadIdx.x,y: 0,0 blockIdx.x,y: 0,1 -- row is 0, col is 1.
threadIdx.x,y: 1,0 blockIdx.x,y: 0,1 -- row is 1, col is 1.
threadIdx.x,y: 0,1 blockIdx.x,y: 0,1 -- row is 0, col is 2.
threadIdx.x,y: 1,1 blockIdx.x,y: 0,1 -- row is 1, col is 2.
Traceback (most recent call last):
  File ".\broken_matrix_ker.py", line 64, in <module>
    assert( np.allclose(output_mat_gpu.get(), output_mat) )
AssertionError
PS C:\Users\btuom\examples\6>
```

图 6-3

可以看到，这里有两个明显的问题：一是行和列元组的值存在重复现象（每个单独的元组只应该出现一次），二是行和列的值都没有超过 2，而它们都应该达到 3 才对（因为这个单元测试使用的是 4×4 矩阵）。这表明我们错误地计算了行和列的值。实际上，在计算目标行/列的值的时候，我们忘了用 blockIdx 的值来乘 blockDim 的值。现在，我们需要修正这个问题，具体如下所示：

```
int row = blockIdx.x*blockDim.x + threadIdx.x;
int col = blockIdx.y*blockDim.y + threadIdx.y;
```

但是，如果再次运行程序，仍然会收到一个断言错误。让我们保留原来的 printf 调用，以便继续监视这些值。可以看到，在内核函数中有一个对设备函数的调用，即 rowcol_dot，所以我们决定考察一下问题是不是出在这里，为此可以把这个 printf 调用放到代码的开头位置，从而判断出这些变量是否被正确地传递到了这个设备函数中：

```
printf("threadIdx.x,y: %d,%d blockIdx.x,y: %d,%d -- row is %d, col is %d, N
is %d.\\n", threadIdx.x, threadIdx.y, blockIdx.x, blockIdx.y, row, col, N);
```

运行该程序，较图 6-3 所示的内容将输出更多的内容，其中有这样两行内容：一行为 threadIdx.x,y: 0,0 blockIdx.x,y: 1,0 -- row is 2, col is 0; 另一行为 threadIdx.x,y: 0,0 blockIdx.x,y: 1,0 -- row is 0, col is 2, N is 4。通过 threadIdx 和 blockIdx 的值可知，这是同一个线程块中的同一个线程的输出结果，但是其中 row 和 col 的值是相反的。实际上，在查看 rowcol_dot 设备函数的调用时，我们看到 row 和 col 确实与设备函数声明中的是相反的。我们修复了这个问题，但是再次运行该程序时，又遇到了另一个断言错误。

下面让我们在设备函数的 for 循环中放置另一个 printf 函数。这里进行的是**点积**运算，就是矩阵 ***A*** 的行与矩阵 ***B*** 的列之间进行点积，我们想要检查一下矩阵-矩阵乘法的值以及 k 的值。当然，这里也只考察第一个线程的值，否则将得到一堆混乱不堪的输出：

```
if(threadIdx.x == 0 && threadIdx.y == 0 && blockIdx.x == 0 && blockIdx.y ==
0)
            printf("Dot-product loop: k value is %d, matrix_a value is %f,
matrix_b is %f.\\n", k, matrix_a[ row + k*N ], matrix_b[ col*N + k]);
```

下面让我们先来看看用于单元测试的矩阵 ***A*** 和 ***B*** 的取值情况，如图 6-4 所示。

可以看到，对于两个矩阵来说，行与行之间并没有变化，列与列之间却是不同的。因此，根据矩阵-矩阵乘法的性质，矩阵 ***A*** 的值应随着 for 循环中 k 值的变化而变化，但

是矩阵 ***B*** 的值应保持不变。让我们再次运行该程序，并检查相关的输出，如图 6-5 所示。

```
In [2]: print test_a
[[ 1.  2.  3.  4.]
 [ 1.  2.  3.  4.]
 [ 1.  2.  3.  4.]
 [ 1.  2.  3.  4.]]

In [3]: print test_b
[[ 14.  13.  12.  11.]
 [ 14.  13.  12.  11.]
 [ 14.  13.  12.  11.]
 [ 14.  13.  12.  11.]]

In [4]:
```

图 6-4

```
Dot-product loop: k value is 0, matrix_a value is 1.000000, matrix_b is 14.000000.
Dot-product loop: k value is 1, matrix_a value is 1.000000, matrix_b is 13.000000.
Dot-product loop: k value is 2, matrix_a value is 1.000000, matrix_b is 12.000000.
Dot-product loop: k value is 3, matrix_a value is 1.000000, matrix_b is 11.000000.
```

图 6-5

由此可知，我们访问矩阵元素的方式不对。别忘了，矩阵是以逐行的形式存储的，为此我们对索引进行了相应修改，以便能够以正确的方式访问矩阵的值：

```
val += matrix_a[ row*N + k ] * matrix_b[ col + k*N];
```

再次运行该程序，断言错误消失了。太棒了，我们仅靠 `printf` 函数就调试好了一个 CUDA 内核函数！

6.3　CUDA C 编程简介

现在，我们介绍编写一个完整的 CUDA C 程序所需的基本知识。我们将从最简单的地方入手，具体来说，就是将 6.2 节中调试好的矩阵-矩阵乘法测试程序，翻译成一个纯 CUDA C 语言的版本。然后用 NVIDIA 的 NVCC 编译器通过命令行将其编译成一个本地 Windows 或 Linux 可执行文件。（我们从 6.4 节开始才会介绍如何使用 Nsight IDE，所以这里仅借助于文本编辑器和命令行进行演示。）同样，这里也鼓励你通读该示例的 Python 代码，这些代码可以从配套资源的 `matrix_ker.py` 文件中找到。

请你打开自己最喜欢的文本编辑器，新建一个文件，并将其命名为 `matrix_ker.cu`。注意，文件扩展名将表明这是一个 CUDA C 程序，这就意味着我们可以通过 NVCC 编译器来编译这个文件。

CUDA C 程序及其程序库的源代码都以.cu 作为其文件扩展名。

接下来，让我们从头开始讲解该程序的源代码。对于 Python 程序来说，通常在开头部分借助 import 关键字导入相关的程序库，而对于 C 语言程序来说，相关的工作则是通过#include 完成的，具体如下所示：

```
#include <cuda_runtime.h>
#include <stdio.h>
#include <stdlib.h>
```

让我们简单介绍一下这些文件的用途。其中，cuda_runtime.h 是一个头文件，该文件声明了程序所需要的各种 CUDA 数据类型、函数和结构。因此，凡是编写纯 CUDA C 程序，都需要包含这个头文件。头文件 stdio.h 还提供了主机端所需的各种标准 I/O 函数，例如 printf 函数；而头文件 stdlib.h 提供了在主机上动态分配内存所需的 malloc 和 free 函数。

需要牢记的是，一定要在所有纯 CUDA C 程序的开头位置加入#include <cuda_runtime.h>语句！

还有一点需要提醒的是，必须用正确的输出结果对内核函数的输出进行检验，就像前文用 NumPy 库的 allclose 函数所做的那样。

不幸的是，C 语言并没有提供像 NumPy 那样的标准数学库或易于使用的数值运算库。通常情况下，对于简单的函数来说，自己编写等价的函数会更容易一些，本例就采用这种方法来检查内核函数的输出结果。这意味着，这里必须显式地创建一个与 NumPy 库的 allclose 函数具有相同功能的函数。为此，我们将使用 C 语言中的宏定义命令 #define 来定义一个表示常量的宏_EPSILON。这个宏的作用是，如果输出结果与预期输出结果之差小于宏值的话，则认为输出结果与预期结果一致。我们还将定义一个名为 _ABS 的宏，用于求两数之差的绝对值，代码如下所示：

```
#define _EPSILON 0.001
#define _ABS(x) ( x > 0.0f ? x : -x )
```

接下来，我们将创建 allclose 函数的自定义版本。这个函数需要两个指向浮点数的指针和一个整数，即 len。在函数代码中，我们将遍历这两个数组，并进行如下检查：

只要有一对元素的差值大于_EPSILON，则返回-1，否则返回 0，表示这两个数组是匹配的。

注意，这里使用的是 CUDA C 语言，所以要在函数定义之前加上__host__，以表明该函数用于在 CPU 上而非 GPU 上运行：

```
__host__ int allclose(float *A, float *B, int len)
{
  int returnval = 0;
  for (int i = 0; i < len; i++)
  {
    if ( _ABS(A[i] - B[i]) > _EPSILON )
    {
      returnval = -1;
      break;
    }
  }
  return(returnval);
}
```

下面我们就可以将该示例的 Python 版本中的设备函数和内核函数原封不动地搬过来了：

```
__device__ float rowcol_dot(float *matrix_a, float *matrix_b, int row, int
col, int N)
{
  float val = 0;
  for (int k=0; k < N; k++)
  {
        val += matrix_a[ row*N + k ] * matrix_b[ col + k*N];
  }
  return(val);
}

__global__ void matrix_mult_ker(float * matrix_a, float * matrix_b, float *
output_matrix, int N)
{
    int row = blockIdx.x*blockDim.x + threadIdx.x;
    int col = blockIdx.y*blockDim.y + threadIdx.y;

  output_matrix[col + row*N] = rowcol_dot(matrix_a, matrix_b, row, col, N);
}
```

注意，与__host__不同，CUDA 设备函数前面使用的是__device__，而 CUDA

内核函数前面使用的是__global__。

就像所有 C 程序一样，这里也需要有一个 main 函数。该函数将在主机上运行，用于设置测试用例，并显式地启动在 GPU 上运行的 CUDA 内核函数。同样，与 vanilla C 相比，这里必须使用__host__显式地指出，该函数也将在 CPU 上运行：

```
__host__ int main()
{
```

接下来我们要做的第一件事便是选择和初始化 GPU 为此可以使用 cudaSetDevice 函数：

```
cudaSetDevice(0);
```

其中，cudaSetDevice(0)表示选择默认 GPU。如果你的系统中安装了多个 GPU，则可以通过 cudaSetDevice(1)、cudaSetDevice(2)等形式来选择和使用相应的 GPU。

与 Python 代码所做的一样，这里也将建立一个变量 N，用于表示矩阵的高度/宽度。测试用例中使用的是 4 × 4 矩阵，所以我们将其设置为 4。同时，我们将使用动态分配的数组和指针，所以还必须创建另一个变量，来表示存放矩阵所需的内存空间大小，即字节数。鉴于这里的矩阵是由 $N \times N$ 个浮点数组成的，因此可以用 C 语言中的 sizeof 关键字来确定存放这些浮点数所需的内存空间：

```
int N = 4;
int num_bytes = sizeof(float)*N*N;
```

至此，测试矩阵已经准备就绪，它们分别对应于 Python 测试程序中 test_a 和 test_b 矩阵（注意，这里的 h_prefix 用于表示这些数组是存储在主机上，而不是设备上的）：

```
float h_A[] = { 1.0, 2.0, 3.0, 4.0, \
                1.0, 2.0, 3.0, 4.0, \
                1.0, 2.0, 3.0, 4.0, \
                1.0, 2.0, 3.0, 4.0 };

float h_B[] = { 14.0, 13.0, 12.0, 11.0, \
                14.0, 13.0, 12.0, 11.0, \
                14.0, 13.0, 12.0, 11.0, \
                14.0, 13.0, 12.0, 11.0 };
```

我们现在将创建另一个数组，以存放测试矩阵和矩阵相乘后的预期输出。注意，这个预期输出必须由我们事先计算出来，并硬编码至 C 代码中。虽然程序结束时，才会用这个预期输出与 GPU 输出进行比较，但是我们现在就要把它存放到这个数组中：

```
float h_AxB[] = { 140.0, 130.0, 120.0, 110.0, \
                  140.0, 130.0, 120.0, 110.0, \
                  140.0, 130.0, 120.0, 110.0, \
                  140.0, 130.0, 120.0, 110.0 };
```

接下来，我们将定义一些指针，其中有些指针用于指向 GPU 上的某些数组，有些指针用于复制 `h_A` 和 `h_B` 的值，同时还将定义一个指向 GPU 输出的指针。请注意这里是如何使用标准的浮点型指针来完成这些任务的。另外，请注意这里的 `d_`，这是另一个标准的 CUDA C 约定，表示被修饰的对象都是存在于设备上的：

```
float * d_A;
float * d_B;
float * d_output;
```

现在，我们将通过 `cudaMalloc` 函数在设备上为 `d_A` 和 `d_B` 分配内存，这个函数的用法与 C 语言中的 `malloc` 函数几乎完全相同。实际上，在本书中，一直在背后默默调用的 PyCUDA `gpuarray` 函数，诸如 `empty` 或 `to_gpu`，它们在 GPU 上分配内存数组时，使用的就是 `cudaMalloc` 函数：

```
cudaMalloc((float **) &d_A, num_bytes);
cudaMalloc((float **) &d_B, num_bytes);
```

现在，我们简要介绍一下其工作原理：在 C 函数中，我们可以通过在变量前加上一个与运算符`&`来获得该变量的地址。假设我们有一个整型变量 `x`，则可以用`&x` 来获取该整型变量的地址。实际上，`&x` 就是一个指向整型变量的指针，因此，该指针的类型为 `int *`。如果我们将这个指针用作参数的值传递给一个 C 函数的话，那么这个函数不仅可以返回某些值，还可以直接在该函数中修改该指针所指向的变量的值。

`cudaMalloc`（与常规的 `malloc` 不同）通过参数而不是返回值来设置指针，所以我们必须使用与运算符`&`。实际上，该函数的第一个参数就是一个指向指针的指针，在本例中为指向浮点型变量的指针的指针（使用 `float **`）。`cudaMalloc` 函数可以为任何类型的数组分配内存空间，所以我们必须用括号显式地对其第一个参数的值进行类型转换。最后，通过第二个参数，我们可以指出要在 GPU 上分配多少字节的内存空间。我们之前已经将变量 `num_bytes` 设置为保存一个由浮点数组成的 4×4 矩阵所需的字节数，所以这里直接使用这个变量作为 `cudaMalloc` 函数的第二个参数即可。

通过调用两次 cudaMemcpy 函数，我们就可以将矩阵 h_A 和 h_B 中的值分别复制到矩阵 d_A 和 d_B 中，代码如下所示：

```
cudaMemcpy(d_A, h_A, num_bytes, cudaMemcpyHostToDevice);
cudaMemcpy(d_B, h_B, num_bytes, cudaMemcpyHostToDevice);
```

在这里，cudaMemcpy 函数使用了 4 个参数。其中，第一个参数为目标地址指针；第二个参数为源地址指针；第三个参数为要复制的字节数；最后一个参数用于指出使用哪个函数复制数据，比如，是通过 cudaMemcpyHostToDevice 函数从主机向 GPU 复制数据，还是使用 cudaMemcpyDeviceToHost 函数从 GPU 向主机复制数据，抑或使用 cudaMemcpyDeviceToDevice 函数在 GPU 上的两个数组之间复制数据。

接下来，我们需要为数组分配相应的内存空间，以保存 GPU 上的矩阵-矩阵乘法的计算结果，故再次调用 cudaMalloc 函数：

```
cudaMalloc((float **) &d_output, num_bytes);
```

最后，我们还必须在主机上分配相应的内存空间，以便在检查内核函数的输出时，将 GPU 的输出存放到这些内存中。为此，我们可以创建一个指向 C 语言的浮点数的常规指针，并像平常那样用 malloc 分配内存空间：

```
float * h_output;
h_output = (float *) malloc(num_bytes);
```

内核函数基本上已经准备就绪了。CUDA 可以使用名为 dim3 的数据结构来表示运行内核函数的线程块和网格的大小。就本例来说，我们要使用的线程块和网格的大小同为 2×2：

```
dim3 block(2,2,1);
dim3 grid(2,2,1);
```

现在，我们开始启动内核函数。下面的三重角括号用于向 CUDA C 编译器指出运行内核函数的线程块和网格的大小：

```
matrix_mult_ker <<< grid, block >>> (d_A, d_B, d_output, N);
```

当然，在将内核函数的输出复制回主机之前，我们必须确保内核函数已经结束运行。实际上，我们可以通过调用 cudaDeviceSynchronize 来确保这一点，因为该函数将阻止主机向 GPU 发出任何命令，直到内核函数运行结束为止：

```
cudaDeviceSynchronize();
```

接下来，将内核函数的输出复制到在主机上准备好的数组中：

```
cudaMemcpy(h_output, d_output, num_bytes, cudaMemcpyDeviceToHost);
```

同样，这里也需要进行同步处理：

```
cudaDeviceSynchronize();
```

从现在开始，我们不会用到 GPU 上分配的所有数组了，所以可以释放它们所占用的资源——只需针对每个数组调用 cudaFree 函数即可：

```
cudaFree(d_A);
cudaFree(d_B);
cudaFree(d_output);
```

现在，在 GPU 上的运算工作已经结束，是时候调用 cudaDeviceReset 函数了：

```
cudaDeviceReset();
```

我们终于可以用前文编写的 allclose 函数来检查复制到主机上的输出的正确性了。如果实际输出与预期输出不匹配，我们将输出一个错误消息，并返回-1；否则，显示实际输出与预期输出相符的消息，并返回 0。至此，该程序的 main 函数的代码就写完了：

```
if (allclose(h_AxB, h_output, N*N) < 0)
 {
     printf("Error! Output of kernel does not match expected output.\n");
     free(h_output);
     return(-1);
 }
 else
 {
     printf("Success! Output of kernel matches expected output.\n");
     free(h_output);
     return(0);
 }
}
```

请注意这里对于标准 C free 函数的调用情况——在两个分支中，我们都为变量 h_output 分配了内存，所以在后面的分支中也调用了 free 函数。

我们需要保存源代码文件，并在命令行环境下通过 nvcc matrix_ker.cu-o matrix_ker 命令将其编译为 Windows 或 Linux 的可执行文件。如果一切顺利的话，我们将会得到一个二进制可执行文件，即 matrix_ker.exe（在 Windows 系统中）或 matrix_ker（在 Linux 系统中）。现在让我们尝试编译并运行该程序，结果如图 6-6 所示。

```
PS C:\Users\btuom\examples\6> nvcc matrix_ker.cu -o matrix_ker
matrix_ker.cu
   Creating library matrix_ker.lib and object matrix_ker.exp
PS C:\Users\btuom\examples\6> .\matrix_ker.exe
Success!  Output of kernel matches expected output.
PS C:\Users\btuom\examples\6>
```

图 6-6

太好了，这个纯 CUDA C 程序终于大功告成了！（该示例程序也可以从配套资源的 matrix_ker.cu 文件中找到。）

6.4 利用 Nsight IDE 开发和调试 CUDA C 代码

现在，让我们熟悉一下如何使用 Nsight IDE 开发 CUDA C 程序。首先，我们来看看如何将前文编写的程序导入 Nsight 环境，并利用 Nsight 来编译和调试该程序。注意，Nsight 的 Windows 版本和 Linux 版本之间存在一些差异，因为 Nsight 实际上是 Windows 系统下的 Visual Studio IDE 和 Linux 系统下的 Eclipse IDE 的一个插件。在后文中，我们将针对不同的操作系统，对 Nsight 的相应版本分别加以介绍。你可以根据自己的情况，跳过不适用于自己操作系统的内容。

6.4.1 在 Windows 平台上的 Visual Studio 中使用 Nsight

首先，请打开 Visual Studio 软件，单击 File 菜单，然后选择 New | Project 菜单项，这时将弹出一个对话框，我们可以在此设置项目的类型：在下拉列表中选择 NVIDIA，然后选择 CUDA 9.2 即可，如图 6-7 所示。

在此，请给项目起一个适当的名称，并单击 OK 按钮。这时，解决方案资源管理器窗口中将会出现一个项目，其中会含有一个预建的 CUDA 测试程序，该程序由一个源文件 kernel.cu 组成，该源文件由一个执行简单的并行加法运算的内核函数和相应的测试代码组成。如果要查看该程序是否能够通过编译并运行，请单击顶部标记为 Local Windows Debugger 的绿色右向箭头。这时，会弹出一个终端，其中会显示内核函数的输出文本，实际上，该终端会立刻关闭。

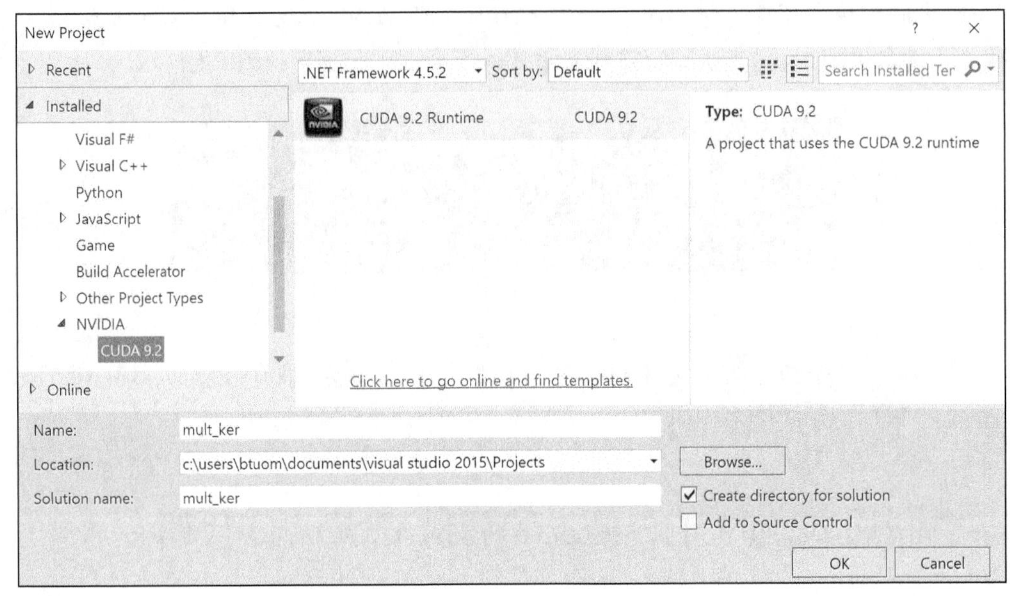

图 6-7

在 Visual Studio 中运行基于 Windows 终端的应用程序时，如果遇到终端关闭太快的问题，请尝试在 `main` 函数末尾添加 `getchar();`，这样就能让终端一直处于打开状态，直到我们按一个键为止。（或者，也可以使用调试器在程序末尾设置一个断点。）

现在，让我们开始演示如何添加前文编写的 CUDA C 程序。首先，在 Solution Explorer 窗口中右击 `kernel.cu`，并单击随即弹出的 Remove 命令。接着，右击项目名称，依次选择 Add 命令和 Existing item 命令。这时，我们可以选择一个现有的文件，为此，可导航至 `matrix_ker.cu` 所在目录，并将其添加到项目中。然后，单击 IDE 顶部标记为 Local Windows Debugger 的绿色右向箭头，该程序将再次在 Windows 终端中编译并运行。好了，这些就是在 Visual Studio 中创建并编译一个完整的 CUDA 程序的所有步骤，是不是非常简单？

接下来，我们开始介绍调试 CUDA 内核函数的方法。首先，我们需要在内核函数 `matrix_mult_ker` 的入口点处设置一个断点，因为 `row` 和 `col` 的值就是在这个函数中设置的。那么，如何设置断点呢？很简单，只需在窗口行号左侧的灰色栏中单击一下即可。每添加一个断点，就会出现一个红点，如图 6-8 所示。（在 Visual Studio 编辑器中，代码下可能会出现红色波浪线，这时不要担心，这是由于 CUDA 并非 Visual Studio 的本机语言所致。）

```
matrix_ker.cu
mult_ker    (Global Scope)    matrix_mult_ker(float * matrix_a, float * matri
37
38    // matrix multiplication kernel that is parallelized over row/column tuples.
39    __global__ void matrix_mult_ker(float * matrix_a, float * matrix_b, float * output_matrix, int N)
40    {
41
42        int row = blockIdx.x*blockDim.x + threadIdx.x;
43        int col = blockIdx.y*blockDim.y + threadIdx.y;
44
45        output_matrix[col + row*N] = rowcol_dot(matrix_a, matrix_b, row, col, N);
46    }
47
100 %
```

图 6-8

我们现在可以开始调试了。在顶部菜单栏中，选择 Nsight 菜单，然后选择 Start CUDA Debugging 子菜单。这时将会出现两个命令：Start CUDA Debugging (Next-Gen)与 Start CUDA Debugging (Legacy)。注意，如果选择了 Next-Gen 命令，但是计算机的 GPU 版本较旧的话，则会出现问题。所以，保险起见，这里将选择后一命令。

完成上述操作后，程序将会启动，并在前面设置的内核函数断点处停止运行。这时，我们可以按 F10 键单步调试，以便查看变量 `row` 的值是否正确，如 Variable Explorer 中的 Locals 界面（见图 6-9）所示。

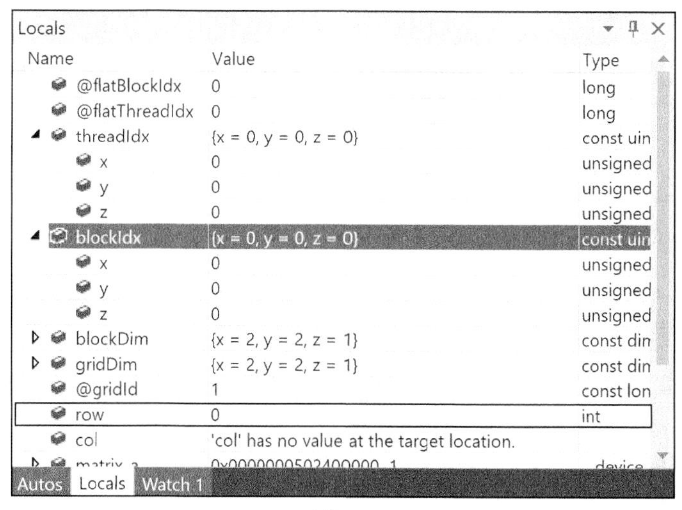

图 6-9

通过检查 threadIdx 和 blockIdx 的值，我们可以看出当前处于网格中的第一个线程块内的第一个线程中。变量 row 的值为 0，不过这个值也没有什么问题。现在，让我们再来看看不同线程中的变量 row 的取值情况。我们必须在 IDE 中切换 thread focus：单击顶部的 Nsight 菜单，然后选择 Windows|CUDA Debug Focus 命令，这时将出现一个新的对话框，我们可以在此选择一个新线程和新线程块，在该对话框中，通过修改线程的坐标即可切换线程，例如将原来的坐标从(0,0,0)改为(1,0,0)，然后单击 OK 按钮，如图 6-10 所示。

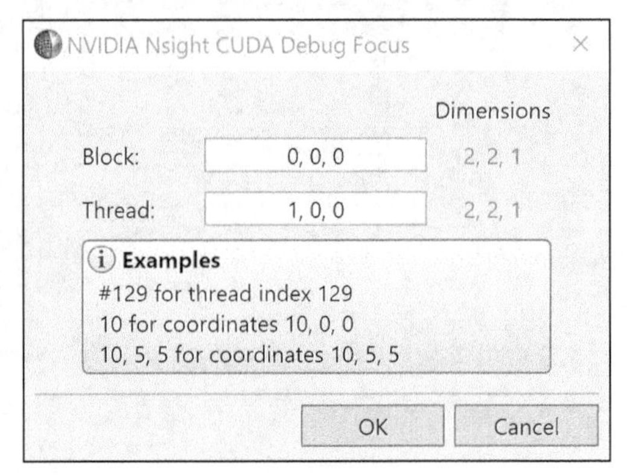

图 6-10

如果我们再次检查变量，就会看到已经为该线程的 row 设置了正确的值，如图 6-11 所示。

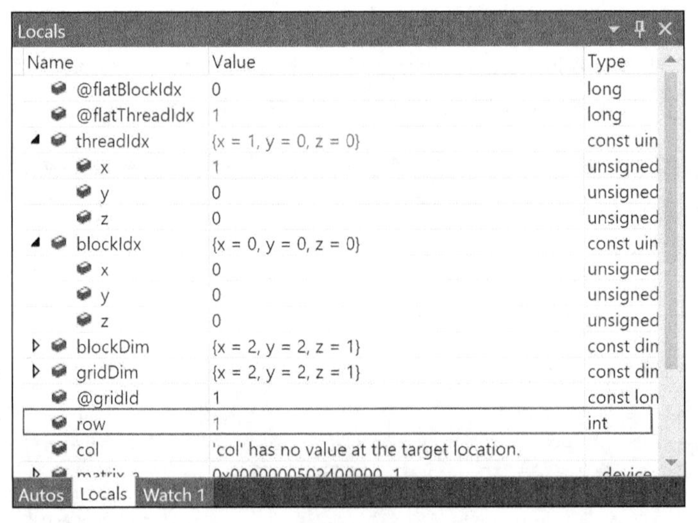

图 6-11

简而言之，这就是在 Visual Studio 中使用 Nsight 调试 CUDA 程序的过程。现在，你应该已经了解了如何在 Windows 操作系统中通过 Nsight 和 Visual Studio 调试 CUDA 程序的基本知识。实际上，这跟调试常规 Windows 程序一样，使用的还是那些常见的手段：设置断点、启动调试器、继续/唤醒、单步跳过、单步跳入以及单步跳出。主要的区别在于，在检查变量时，我们必须知道如何在 CUDA 线程和线程块之间进行相应的切换。除此之外，两者几乎是完全一样的。

6.4.2 在 Linux 平台中使用 Nsight 和 Eclipse

接下来，我们将介绍如何在 Linux 平台中使用 Nsight。为此，我们通过单击桌面上的 Nsight 图标来打开它，也可以在命令行环境中执行 `nsight` 命令来运行 Nsight 程序。

打开 Nsight 后，请单击其顶部的 File 菜单，然后选择 New 子菜单，随后选择 New CUDA C/C++Project 命令。这时，我们将会看到一个新对话框，请选择 CUDA Runtime Project 选项，然后给项目起一个适当的名称并单击 Next 按钮，如图 6-12 所示。这时，系统会进一步提示其他设置选项，值得高兴的是，这里选择默认值即可。（请密切关注显示在第三个界面和第四个界面中的文件夹和项目路径所在的具体位置。）接下来，我们将进入最后一个界面，请单击 Finish 按钮以创建项目。

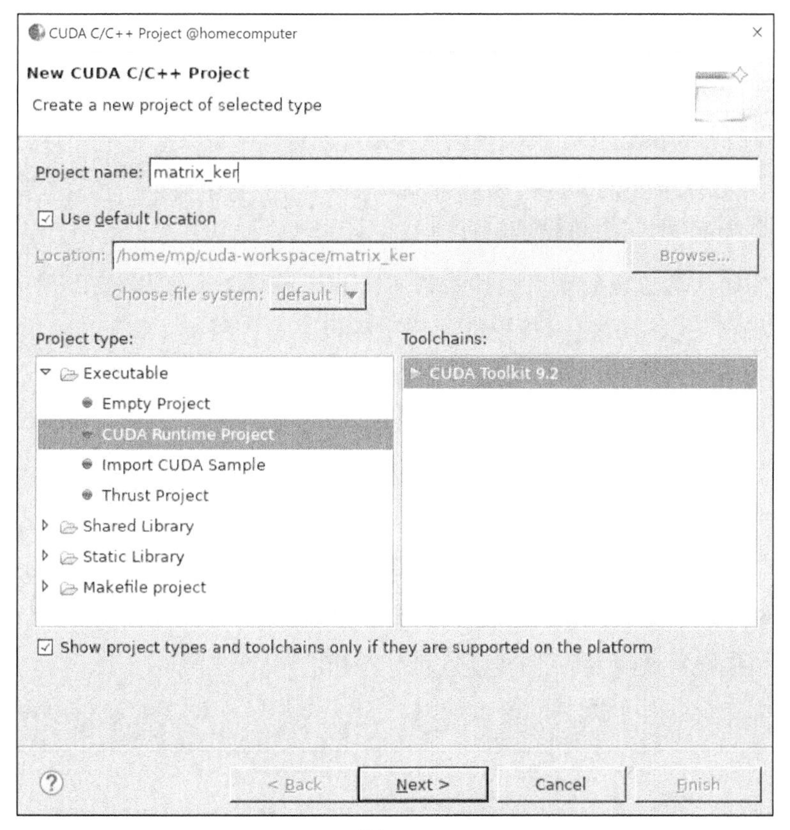

图 6-12

最后，我们就会在项目视图中看到已打开的新项目，其中含有一些占位符代码。从 CUDA 9.2 开始，新项目还会提供一个计算倒数的内核函数示例。

现在，我们可以导入自己的代码了。为此，我们可以使用 Nsight 中的编辑器删除默认提供的源代码文件中的所有代码，并将自己的代码剪切并粘贴到该文件中，或者也可以手动从项目的源代码目录中删除该文件，并将 `matrix_ker.cu` 文件复制到源代码目录中；然后，选择 Nsight 中的源代码目录视图，并按 F5 键来刷新该视图。这样，我们就可以按 Ctrl+B 组合键来构建该项目，并通过 F11 键来运行它了。此后，程序的输出结果将显示到 IDE 本身的 Console 选项卡中，具体如图 6-13 所示。

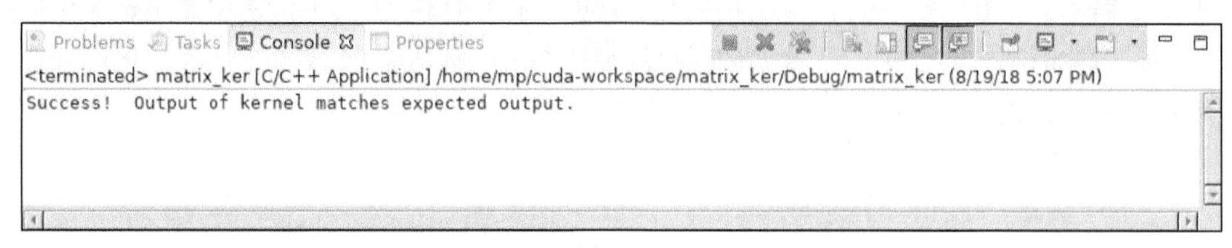

图 6-13

现在，我们可以在 CUDA 代码中设置断点。就这里来说，我们将在为变量 row 赋值的内核函数的入口点处设置断点。为此，我们可以在 Eclipse 编辑器中将光标移动到该行上，然后按 Ctrl+Shift+B 组合键来设置断点。

完成上述操作后，我们就可以通过按 F11 键（或单击 bug 图标）开始调试了。之后，该程序将在 `main` 函数的开始位置停止运行这时，请按 F8 键继续执行至第一个断点位置。我们会发现，CUDA 内核函数中的第一行代码将在 IDE 中高亮显示，并且会有一个箭头指向它。我们可以按 F6 键以单步跳过当前行，从而确保变量 `row` 已被赋值。

现在，我们可以轻松地在 CUDA 网格中的不同线程和线程块之间进行切换，以检查其中各个变量的当前值，具体方法如下所示：首先，单击 IDE 顶部的 Window 菜单，然后，单击 Show 子菜单，并选择 CUDA 选项。这时，将打开一个与当前运行的内核函数相关的窗口，我们可以从中找到运行该内核函数的所有线程块。

单击第一个线程块，我们可以看到运行在该线程块中的所有单独线程，如图 6-14 所示。

我们可以通过单击 Variables 标签来查看与第一个线程块中的第一个线程相对应的变量——就这里来说，变量 `row` 的值应该为 0，具体如图 6-15 所示。

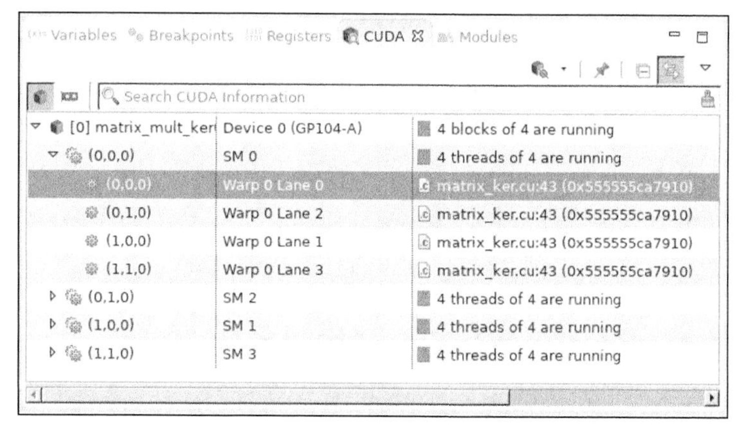

图 6-14

(x)= Variables ⌘ Breakpoints Registers CUDA Modules

Name	Type	T(0,0,0)B(0,0,0)
matrix_a	@generic float * @parameter	0x7fffca400000
matrix_b	@generic float * @parameter	0x7fffca400200
output_matrix	@generic float * @parameter	0x7fffca400400
N	@parameter int	4
row	@register int	0
col	@register int	<optimized out>

图 6-15

现在，我们可以通过再次切换到 CUDA 选项卡，选择合适的线程，然后切换回来，以查看不同线程中变量的取值情况。这里，让我们保持线程块不变，但是选择另一个线程，其坐标为(1,0,0)，并再次检查变量 `row` 的取值，如图 6-16 所示。

(x)= Variables ⌘ Breakpoints Registers CUDA Modules

Name	Type	Value
matrix_a	@generic float * @paramete	0x7fffca400000
matrix_b	@generic float * @paramete	0x7fffca400200
output_matrix	@generic float * @paramete	0x7fffca400400
N	@parameter int	4
row	@register int	1
col	@register int	<optimized out>

图 6-16

可以看到，变量 row 当前的值为 1，这与我们的期望完全一致。

我们已详细介绍了在 Linux 平台中通过 Nsight 和 Eclipse 来调试 CUDA 程序的基本知识。就像你看到的那样，这跟使用其他 IDE 调试常规 Linux 程序区别不大，使用的还是那些老套路：设置断点、启动调试器、继续/唤醒、单步跳过、单步跳入以及单步跳出。也就是说，这里的主要区别是我们必须知道如何在 CUDA 线程和线程块之间进行切换，以便检查变量的取值情况。除此之外，并没有什么特别之处。

6.4.3 借助 Nsight 理解 CUDA 的线程束锁步特性

我们将通过 Nsight 来单步跟踪一些代码，以更好地理解使用 CUDA 的 GPU 的架构特性，以及内核函数中的代码分支处理机制。理解这些特性，有助于编写出更加高效的 CUDA 内核函数。这里所谓的分支处理机制，指的是 GPU 针对 CUDA 内核函数的控制流语句，如 if、else 或 switch 的处理方式。特别是，我们对如何处理内核函数中的分支分化问题非常感兴趣——当内核函数所在的一个线程满足 if 语句的条件，而该函数所在的另一个线程正好相反：不满足 if 语句的条件，而满足 else 语句的条件，这时两个线程将出现分化，因为它们将执行不同的代码段。

为了帮助你了解分支处理机制，我们将编写一个 CUDA C 程序来进行实验。首先，我们从编写内核函数开始下手。该内核函数的逻辑非常简单：如果 threadIdx.x 的值为偶数，将输出一段内容。如果 threadIdx.x 的值是奇数，则输出另一段内容。然后，我们会编写一个 main 函数，其作用是在一个由 32 个不同的线程组成的单个线程块上运行这个内核函数：

```
#include <cuda_runtime.h>
#include <stdio.h>

__global__ void divergence_test_ker()
{
    if( threadIdx.x % 2 == 0)
        printf("threadIdx.x %d : This is an even thread.\n", threadIdx.x);
    else
        printf("threadIdx.x %d : This is an odd thread.\n", threadIdx.x);
}

__host__ int main()
{
    cudaSetDevice(0);
    divergence_test_ker<<<1, 32>>>();
```

```
    cudaDeviceSynchronize();
    cudaDeviceReset();
}
```

（这里的代码也可以从配套资源的 divergence_test.cu 文件中找到。）

在命令行环境下编译并运行该程序后，我们可能天真地期望会得到一个由偶数线程和奇数线程输出的字符串交替而成的字符序列。这些字符串也可能是随机交织在一起的——因为所有的线程都是并发运行的，也就是说，分支代码几乎是同时运行的。因此，这两种情况都是可能的。

然而，每次运行时，我们总是得到图 6-17 所示的输出。

```
PS C:\Users\btuom\examples\6> .\divergence_test.exe
threadIdx.x 0 : This is an even thread.
threadIdx.x 2 : This is an even thread.
threadIdx.x 4 : This is an even thread.
threadIdx.x 6 : This is an even thread.
threadIdx.x 8 : This is an even thread.
threadIdx.x 10 : This is an even thread.
threadIdx.x 12 : This is an even thread.
threadIdx.x 14 : This is an even thread.
threadIdx.x 16 : This is an even thread.
threadIdx.x 18 : This is an even thread.
threadIdx.x 20 : This is an even thread.
threadIdx.x 22 : This is an even thread.
threadIdx.x 24 : This is an even thread.
threadIdx.x 26 : This is an even thread.
threadIdx.x 28 : This is an even thread.
threadIdx.x 30 : This is an even thread.
threadIdx.x 1 : This is an odd thread.
threadIdx.x 3 : This is an odd thread.
threadIdx.x 5 : This is an odd thread.
threadIdx.x 7 : This is an odd thread.
threadIdx.x 9 : This is an odd thread.
threadIdx.x 11 : This is an odd thread.
threadIdx.x 13 : This is an odd thread.
threadIdx.x 15 : This is an odd thread.
threadIdx.x 17 : This is an odd thread.
threadIdx.x 19 : This is an odd thread.
threadIdx.x 21 : This is an odd thread.
threadIdx.x 23 : This is an odd thread.
threadIdx.x 25 : This is an odd thread.
threadIdx.x 27 : This is an odd thread.
threadIdx.x 29 : This is an odd thread.
threadIdx.x 31 : This is an odd thread.
PS C:\Users\btuom\examples\6>
```

图 6-17

可以看到，这里首先会输出与偶数线程相对应的所有字符串，然后才会输出所有奇数线程对应的字符串。也许 Nsight 调试器可以帮我们搞清楚这到底是怎么回事。为此，让我们将这个程序导入一个 Nsight 项目中，就像我们在 6.4.2 节中所做的那样，并在内核函数的第一个 if 语句处设置一个断点。然后，我们可以执行**单步跳过**操作，以便让调试器停在第一个 printf 语句所在的位置。此外，由于 Nsight 中的默认线程坐标是(0,0,0)，因此这里应该会满足第一个 if 语句的条件，调试器将被"卡"在那里，直到它继续执行后续代码时为止。

现在，让我们切换到一个奇数线程，比如(1,0,0)，看看它目前在程序中的位置，如图 6-18 所示。

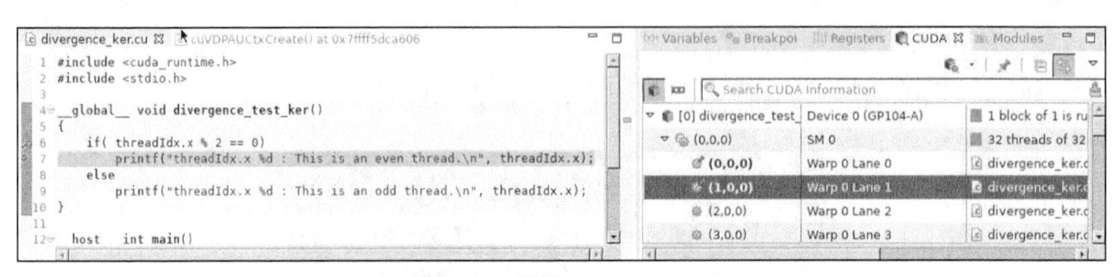

图 6-18

非常奇怪！线程(1,0,0)在执行时与线程(0,0,0)位于同一位置。实际上，如果我们检查其他奇数线程，就会发现它们也都被卡在了同一个地方，准确来说，是卡在了一个所有奇数线程应该跳过的 printf 语句上。

这是什么情况？别急，这其实是由**线程束锁步特性**所致。在 CUDA 架构中，**线程束**是一个由 32 条"跑道"组成的单元。实际上，GPU 执行内核函数时，就是通过这些单元完成的，此外，网格也是以它们为基础的。准确来说，线程束中的每条"跑道"上面可以运行一个线程。线程束的一个主要限制是，在单个线程束上执行的所有线程必须以**锁步**方式执行相同的代码。但实际上，并不是所有线程都会运行相同的代码，这时只能"抹煞"不一致的步调。

锁步特性意味着，如果在线程束上运行的某个线程与剩余的 31 个线程在某条 if 语句上出现分化现象，则剩余的 31 个线程的执行都将被延迟，直到这个特殊的线程完成并从发生分化的 if 语句返回时为止。对于这一特性，我们在编写内核函数时应该始终牢记在心，同时，这也是将分支分化最小化作为 CUDA 编程的基本原则的原因。

6.5　使用 NVIDIA 性能分析工具——nvprof 与 Visual Profiler

nvprof 是 NVIDIA 提供的一款在命令行环境下使用的性能分析工具。与 Nsight IDE

相比，使用 nvprof 时，我们可以无拘束地使用已编写好的 Python 代码，根本无须用纯 CUDA C 语言编写测试函数。

我们可以使用 nvprof program 命令对二进制可执行程序进行简单的性能分析。此外，对于 Python 脚本而言，我们可以使用 python 命令作为第一个参数，将需要分析的脚本作为第二个参数，以 nvprof python program.py 的形式对其进行性能分析。下面让我们对前文用 CUDA C 编写的、用于执行简单的矩阵-矩阵乘法的可执行程序进行性能分析，为此可以使用 nvprof matrix_ker 命令，分析结果如图 6-19 所示。

Type	Time(%)	Time	Calls	Avg	Min	Max	Name
GPU activities:	42.94%	2.3360us	2	1.1680us	896ns	1.4400us	[CUDA memcpy HtoD]
	41.18%	2.2400us	1	2.2400us	2.2400us	2.2400us	matrix_mult_ker(float*, float*, float*, int)
	15.88%	864ns	1	864ns	864ns	864ns	[CUDA memcpy DtoH]
API calls:	72.42%	139.27ms	3	46.422ms	7.7580us	139.25ms	cudaMalloc
	25.66%	49.351ms	1	49.351ms	49.351ms	49.351ms	cudaDeviceReset
	1.46%	2.8053ms	88	31.878us	484ns	1.5375ms	cuDeviceGetAttribute
	0.15%	290.91us	3	96.969us	14.060us	260.85us	cudaFree
	0.14%	266.18us	3	88.727us	73.212us	111.52us	cudaMemcpy
	0.06%	119.27us	1	119.27us	119.27us	119.27us	cuDeviceGetName
	0.05%	101.33us	2	50.666us	11.152us	90.181us	cudaDeviceSynchronize
	0.02%	38.787us	1	38.787us	38.787us	38.787us	cuDeviceTotalMem
	0.02%	29.576us	1	29.576us	29.576us	29.576us	cudaLaunchKernel
	0.01%	21.818us	1	21.818us	21.818us	21.818us	cudaSetDevice
	0.00%	8.7280us	3	2.9090us	485ns	7.2730us	cuDeviceGetCount
	0.00%	8.7270us	1	8.7270us	8.7270us	8.7270us	cuDeviceGetPCIBusId
	0.00%	3.3940us	2	1.6970us	485ns	2.9090us	cuDeviceGet

图 6-19

可以看到，图 6-19 中的分析结果与 Python cProfiler 模块的输出非常相似，我们曾在第 1 章中使用该模块来分析 Mandelbrot 集算法。就图 6-19 来说，这里只显示了该程序执行的所有 CUDA 操作。因此，当我们专门优化在 GPU 上运行的代码，而不关心在主机上执行的 Python 代码或其他命令时，上面介绍的性能分析命令就派上用场了。（当需要深入分析使用了不同的线程块和网格大小等启动参数的 CUDA 内核函数时，我们可以添加命令行选项--print-gpu-trace。）

接下来，我们再介绍一种将程序所有操作的执行时间**可视化**的方法。我们可以使用 nvprof 命令将相关数据转储到一个文件中，再通过 NVIDI Visual Profiler 读取该文件，并以图形方式展示这些数据。就这里来说，我们以第 5 章中的 multi-kernel_streams.py 脚本（它可以在本书配套资源目录 5 下面找到）为例来进行讲解。我们知道，该脚本是用于说明 CUDA 流这一概念的，而 CUDA 流可用于并发地执行和组织多个 GPU 操作。好了，让我们用带有-o 命令行选项的 nvprof 命令将上述脚本的输出结果转储到一个以.nvvp 为扩展名的文件中，完整的命令为 nvprof-o m.nvvp python multi-kernel_streams.py。执行上述命令后，我们就可以通过 nvvp m.nvvp 命令将该文件加载到 NVIDIA Visual

Profiler 中了。

这样，我们就能看到按照时间线组织的所有 CUDA 流的执行时间了，记住，在这个程序中使用的内核函数名为 `mult_ker`，如图 6-20 所示。

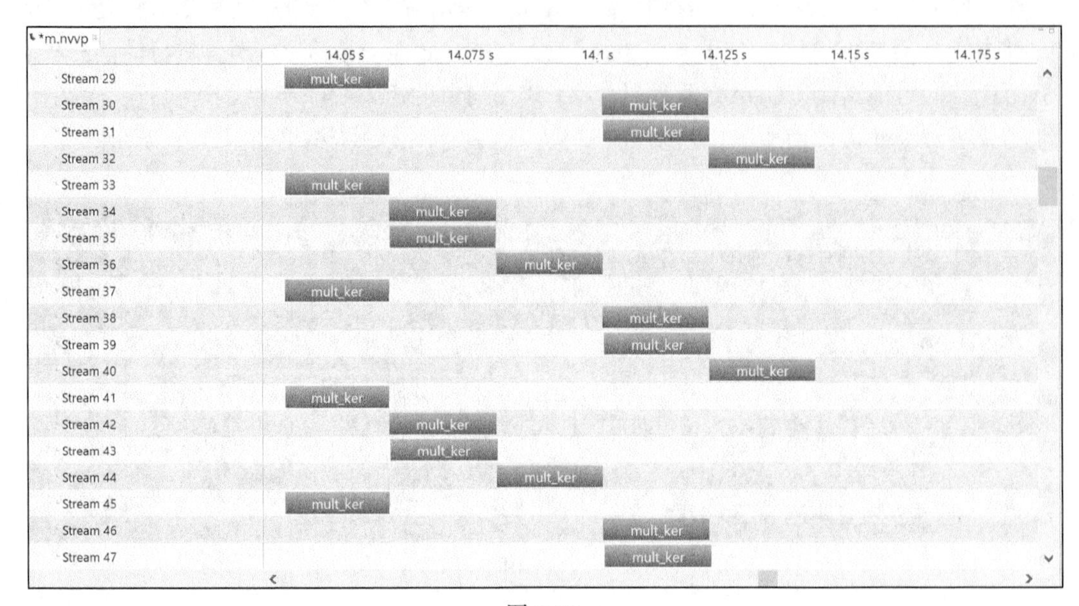

图 6-20

实际上，我们不仅能可视化所有内核函数的运行数据，还可以实现内存分配、内存复制和其他操作数据的可视化，从而帮助我们形象直观地了解在不同的时刻，程序对 GPU 资源的具体利用情况。

6.6 小结

在本章中，我们首先介绍了如何在 CUDA 内核函数中通过 `printf` 函数从不同的线程中输出数据。实际上，这种方法对调试代码来说非常有效。然后，我们又补充了 CUDA C 编程方面的基础知识，这样我们就可以编写完整的测试程序，并将其编译成可执行的二进制文件了——这里有很多我们以前不知道的开销，我们必须小心谨慎。接下来，我们演示了如何在 Nsight IDE 中创建和编译项目，以及如何使用它来调试代码。例如，如何在 CUDA 内核函数中设置断点，以及通过在不同的线程之间进行切换来查看不同的局部变量。我们还演示了如何使用 Nsight 调试器来理解线程束的锁步特性，以及为什么在

CUDA 内核函数中应该尽量避免发生分支分化。最后，我们对用于分析 GPU 代码的 NVIDIA 命令行性能分析工具 `nvprof` 以及 Visual Profiler 进行了概述。

6.7 习题

1. 在 6.3 节的 CUDA C 程序中，调用 `cudaMalloc` 函数在 GPU 上分配内存数组之后，我们并没有使用 `cudaDeviceSynchronize` 命令。请问，为什么在这里来说没必要这样做呢？（提示：回顾第 5 章内容。）
2. 假设我们有这样一个内核函数：它运行在一个由两个线程块组成的网格上，其中每个线程块含有 32 个线程。假设第一个线程块中的所有线程会执行 `if` 语句，而第二个线程块中的所有线程执行对应的 `else` 语句。那么，第二个线程块中的所有线程是否会因为第一个线程块中的线程执行 `if` 语句中的命令而不得不“锁步”执行 `if` 语句中的命令？
3. 如果为我们仅在一个网格上执行了一段类似的代码段，该网格只含有单个线程块，该线程块由 64 个线程组成，其中前 32 个线程执行 `if` 语句，而后 32 个线程则执行对应的 `else` 语句，这时会出现什么情况？
4. 与 cProfiler 模块相比，性能分析工具 `nvprof` 有哪些独特的功能？
5. 在哪些情况下，我们可能更喜欢使用 `printf` 语句来调试 CUDA 内核函数？在哪些情况下，使用 Nsight 调试 CUDA 内核函数会更加轻松？
6. CUDA C 语言中 `cudaSetDevice` 命令的作用是什么？
7. 为什么每次在 CUDA C 中启动内核函数或进行内存复制之后都必须使用 `cudaDeviceSynchronize` 命令？

第 7 章　通过 Scikit-CUDA 模块使用 CUDA 库

在本章中，我们将介绍用于简化数值计算和科学计算的 3 个 CUDA 标准库。首先要介绍的是 **cuBLAS** 库，即 NVIDIA 版本的**基本线性代数子程序**（Basic Linear Algebra Subroutine，BLAS）规范实现代码。实际上，与各种基于 CPU 的 BLAS 实现版本相比，例如免费、开源的 OpenBLAS 或 Intel 专有的 MKL 库，NVIDIA 公司对 cuBLAS 库进行了大量的优化处理。其次要介绍的是 **cuFFT** 库。通过这个 CUDA 标准库，我们可以利用 GPU 处理各种**快速傅里叶变换**（Fast Fourier Transform，FFT）算法。接着，我们将介绍在图像处理中用于滤波处理的 cuFFT 库。最后，我们将介绍 **cuSolver** 库。与 cuBLAS 库相比，可以处理更加复杂的线性代数运算，如**奇异值分解**（Singular Value Decomposition，SVD）与 Cholesky 因子分解。

到目前为止，我们大部分时间都在跟 PyCUDA 库打交道，实际上，它一直在扮演“CUDA 网关”的角色。尽管 PyCUDA 是一个功能强大且用途广泛的 Python 库，但是其设计初衷是提供一个编写、编译和运行 CUDA 内核函数的网关，而不是为各种 CUDA 库提供接口。幸运的是，现实中已经存在一个免费的 Python 模块，可用于为 CUDA 库提供用户友好的包装器接口——这个模块名为 Scikit-CUDA。

虽然我们无须了解 PyCUDA，甚至不需要理解 GPU 编程技术就能灵活运用 Scikit-CUDA，因为它与 PyCUDA 库之间的兼容性是非常好的。例如，Scikit-CUDA 可以轻松地操作 PyCUDA 库的 `gpuarray` 类，这使得我们可以轻松地在自己的 CUDA 内核例程与 Scikit-CUDA 库之间传递数据。此外，大多数内核函数例程可以使用 PyCUDA 库的 stream 类，因此我们可以通过 Scikit-CUDA 的包装器来实现自定义 CUDA 内核函数的同步。

注意，除了前文提到的 3 个库，Scikit-CUDA 还为专有的 CULA 库以及开源的 MAGMA 库提供包装器。当然，这两个库与官方的 NVIDIA 库在功能方面有很多重合之处。不过，在默认情况下这两个库并不会随标准 CUDA 安装包一起安装，因此这里我们不会对其专门介绍。

在本章中，我们将介绍下列主题：

- 如何安装 Scikit-CUDA；
- 各种标准 CUDA 库的基本用途及其差别；
- 如何使用低级 cuBLAS 函数来处理简单的线性代数运算；
- 如何使用 SGEMM 和 DGEMM 运算来测量 GPU 的性能；
- 如何使用 cuFFT 在 GPU 上进行一维或二维 FFT 运算；
- 如何使用 FFT 创建二维卷积滤波器并将其应用于简单的图像处理；
- 如何使用 cuSolver 执行 SVD；
- 如何使用 cuSolver 的 SVD 算法执行基本的主成分分析。

7.1 技术要求

本章需要用到配备了 NVIDIA GPU（2016 年以后的版本）、Linux 系统或 Windows 10 系统的计算机，并且需要安装好所有必需的 GPU 驱动程序和 CUDA Toolkit（9.0 以上的版本）软件，还需要安装好含有 PyCUDA 模块的 Python 2.7 软件（例如 Anaconda Python 2.7）。

7.2 安装 Scikit-CUDA

请下载 Scikit-CUDA 库的最新、稳定版本的软件包。

请先将软件包解压缩到一个目录中，然后在该目录下面打开命令行环境，并在命令行环境中输入 `python setup.py install` 来安装该模块。接下来，你可以运行单元测试，即执行 `python setup.py test` 命令来验证安装是否正确。（建议 Windows 和 Linux 用户使用该方法来验证安装的正确性。）

我们也可以使用 `pip install scikit-cuda` 命令直接通过 PyPI 存储库安装 Scikit-CUDA 库。

7.3　利用 cuBLAS 库处理基本线性代数运算

首先，我们将介绍 Scikit-CUDA 的 cuBLAS 库的使用方法。在此之前，让我们花点时间来讨论一下 BLAS 库。简单来说，BLAS 库是 20 世纪 70 年代首次标准化的基本线性代数库的规范。其中，BLAS 函数被分为多个类别，这些类别通常用级别加以区分。

第 1 级 BLAS 函数包括纯粹的向量运算，如向量-向量之间的加法和缩放（也称为 $ax+y$ 操作，或 AXPY）、点积和范数运算；第 2 级 BLAS 函数包括矩阵-向量之间的运算（GEMV），如向量的矩阵乘法；第 3 级 BLAS 函数由常见的矩阵-矩阵（GEMM）运算组成，如矩阵-矩阵乘法。最初，这些库是在 20 世纪 70 年代完全用 FORTRAN 语言实现的，因此，对于现在的用户来说，这些函数不仅在用法和命名方面显得有些过时，用起来也很不顺手。

cuBLAS 库是 NVIDIA 公司实现的 BLAS 规范。为了充分利用 GPU 的并发性，NVIDIA 公司对其进行了相应的优化。同时，Scikit-CUDA 库为 cuBLAS 库提供了与 PyCUDA `gpuarray` 对象和 PyCUDA 流相互兼容的包装器。这意味着，我们不仅可以通过 PyCUDA 将这些函数与我们自定义的 CUDA C 内核进行耦合和交互，还可以对运行在多个 CUDA 流上这些操作进行同步处理。

7.3.1　利用 cuBLAS 库处理第 1 级 AXPY 运算

下面让我们先了解一下 cuBLAS 库中第 1 级（也是最简单的一个级别）中的 $ax + y$（或 AXPY）操作。为此，我们不妨回顾一下线性代数的基础知识，思考一下该操作意味着什么。其中，a 被视为一个标量或实数，如-10、0、1.345 或 100 等；x 和 y 被视为向量空间 $\mathbb{R}^n$ 中的向量。这意味着 x 和 y 是实数的 n 元组，因此，这些值可以是在 $\mathbb{R}^3$ 空间中的`[1,2,3]`或`[-0.345,8.15, -15.867]`。ax 表示向量 x 的 a 倍缩放，所以，如果标量 a 的值为 10，向量 x 的值为`[1,2,3]`，那么，ax 操作就是将向量 x 的每个单独值都乘 a，最终得到的是`[10,20,30]`。最后，如果向量 y 的值为`[-0.345,8.15, -15.867]`，那么 $ax + y$ 就表示两个向量相加：将两个向量中对应位置的值相加以产生一个新的向量，其结果为`[9.655,28.15,14.133]`。

下面我们将借助 cuBLAS 库来实现上面的运算。首先，让我们导入相应的模块：

```
import pycuda.autoinit
from pycuda import gpuarray
```

```
import numpy as np
```

接着输出 cuBLAS：

```
from skcuda import cublas
```

接下来，为向量（数组）赋值，并将其复制到 GPU 上面。注意，我们使用的值是 32 位（单精度）浮点数：

```
a = np.float32(10)
x = np.float32([1,2,3])
y = np.float32([-.345,8.15,-15.867])
x_gpu = gpuarray.to_gpu(x)
y_gpu = gpuarray.to_gpu(y)
```

然后，我们还必须创建一个 **cuBLAS 上下文**——其作用与 CUDA 上下文（见第 5 章）非常相似，它们的区别在于，该 cuBLAS 上下文将用于显式地管理 cuBLAS 会话。我们将使用 `cublasCreate` 函数来创建 cuBLAS 上下文，并将该函数的输出赋给一个句柄。因为我们想在这个会话中使用 cuBLAS，所以必须保留这个句柄：

```
cublas_context_h = cublas.cublasCreate()
```

接下来，我们将用到 `cublasSaxpy` 函数。其中，S 代表单精度，因为我们使用的是浮点型数组：

```
cublas.cublasSaxpy(cublas_context_h, x_gpu.size, a, x_gpu.gpudata, 1,
y_gpu.gpudata, 1)
```

我们来回顾一下上面的代码的作用。注意，这是一个直接针对低级别 C 函数的包装器，因此，输入看起来可能更像一个 C 函数，而不是一个真正的 Python 函数。简单来说，这里执行了一个 `AXPY` 操作，并将输出数据放入 `y_gpu` 数组。接下来，让我们仔细看看各个输入参数。

第一个输入肯定是 CUDA 上下文句柄。此后，我们还必须指定向量的大小，因为这个函数最终将通过 C 指针完成相应的操作，我们可以使用 `gpuarray` 的 `size` 参数来实现这一点。在将标量转换为 NumPy `float32` 类型的变量之后，我们就可以将变量 `a` 作为标量参数进行传递了。然后，我们使用参数 `gpudata` 将 `x_gpu` 数组的底层 C 指针传递给这个函数。接着，我们将第一个数组的步长指定为 1：步长用于指定各个输入值之间的间隔步数。（相反，如果使用的是行矩阵中列向量，则可以将步长设置为矩阵的宽度。）然后，我们给出指向 `y_gpu` 数组的指针，并将其步长设置为 1。

这样，我们就完成了相应的计算。现在，我们必须显式地销毁 cuBLAS 上下文：

```
cublas.cublasDestroy(cublas_context)
```

接下来，我们用 NumPy 的 `allclose` 函数来验证上面的结果是否正确，代码如下所示：

```
print 'This is close to the NumPy approximation: %s' % np.allclose(a*x + y, y_gpu.get())
```

注意，最后的输出被放入 y_gpu 数组，它也是一个输入。此外，需要牢记的是，BLAS 和 cuBLAS 函数是就地操作的，这样就不用重新分配内存空间了，好处是不仅节约了内存空间，还省下了分配内存所需的时间。这就意味着，输入数组同时被用作输出数组！

至此，使用 `cublasSaxpy` 函数执行 `AXPY` 操作的过程就介绍完了。

接下来，我们来聊聊上面这个函数中显眼的大写字母：S。前面说过，它代表单精度浮点数，即 32 位浮点数（`float32`）。如果我们要对 64 位浮点数（在 NumPy 和 PyCUDA 中类型为 `float64`）的数组进行操作，就需要使用 `cublasDaxpy` 函数；对于 64 位单精度复数（`complex64`），我们需要使用 `cublasCaxpy` 函数；而对于 128 位双精度复数（`complex128`），需要使用 `cublasZaxpy` 函数。

通过检查函数名中的大写字母，我们就可以判断出 BLAS 或 cuBLAS 函数操作的数据的类型。使用单精度浮点数的函数总会在名称加入大写字母 S，使用双精度浮点数的函数总是在名称中加入大写字母 D，使用单精度复数的函数总是会在名称中加入大写字母 C，使用双精度复数的函数总是在名称中加入大写字母 Z。

7.3.2 其他第 1 级 cuBLAS 函数

我们再来考察几个第 1 级 cuBLAS 函数。注意，这里不会对其用法进行详细介绍，但具体步骤与前面讨论的步骤类似：创建 cuBLAS 上下文，使用适当的数组指针调用函数（可以使用 PyCUDA 的 `gpuarray` 中的 `gpudata` 参数访问它们），并设置相应的步长。另一件要记住的事情是，如果函数（例如点积函数）的输出是单个值而不是数组，那么函数将直接将这些值输出到主机，而不需要从 GPU 复制到内存数组中。（这里只讨论处理单精度浮点数的版本，至于处理其他数据类型的版本，只需用适当的字母替换函数名称中的大写字母 S 即可。)

接下来，我们将计算两个单精度浮点型数组（v_gpu 和 w_gpu）的点积。同样，参数中的 1 是为了确保计算的步长为 1！同时，点积操作就是两个向量逐元素相乘之后求和：

```
dot_output = cublas.cublasSdot(cublas_context_h, v_gpu.size, v_gpu.gpudata,1, w_gpu.
gpudata, 1)
```

我们也可以像下面这样来计算向量的 L2 范数（对于向量 $\boldsymbol{x}$ 来说，可以通过公式 $|x_1|^2+|x_2|^2+\cdots+|x_n|^2)^{1/2}$ 来计算其 L2 范数或长度）：

```
l2_output = cublas.cublasSnrm2(cublas_context_h, v_gpu.size, v_gpu.gpudata,1)
```

7.3.3 利用 cuBLAS 库处理第 2 级 GEMV 运算

下面我们介绍如何处理 GEMV 运算，即矩阵-向量乘法。对于 $m \times n$ 矩阵 $\boldsymbol{A}$，n 维向量 $\boldsymbol{x}$，m 维向量 $\boldsymbol{y}$ 以及标量 α 和 β，矩阵-向量乘法的定义如下所示：

$$\boldsymbol{y} \leftarrow \alpha \boldsymbol{A}\boldsymbol{x} + \beta \boldsymbol{y}$$

首先，让我们先来看看相应函数的调用方式：

```
cublasSgemv(handle, trans, m, n, alpha, A, lda, x, incx, beta, y, incy)
```

接下来，让我们逐一解释这些输入参数。

- handle 表示 cuBLAS 上下文句柄。
- trans 表示矩阵的结构——我们可以指定使用原始矩阵、直接转置还是共轭转置（用于复杂矩阵）。需要记住的一点是，因为该函数会认为矩阵 A 是按列主序格式进行存储的。
- m 和 n 表示我们要使用的矩阵 A 的行数和列数。
- alpha 表示 α 的值（浮点数）。
- A 表示 m × n 矩阵。
- 参数 lda 表示矩阵的主维度（The Leading Dimension），而矩阵的总大小为 lda×n。对于列主序格式来说，这个参数是非常重要的，因为如果 lda 大于 m，当 cuBLAS 试图访问 A 的值时，可能会遇到问题，因为该矩阵的底层结构是一维数组。
- 此外，我们还需要提供参数 x 及其步长 incx。其中，x 表示一个底层 C 指针，它指向与矩阵 A 相乘的向量。注意，x 的大小必须是 n，即矩阵 A 的列数。

- beta 表示标量 β 的值（浮点数）。
- 最后，我们还需要提供参数 y 及其步长 incy。注意，y 的大小必须是 m，即矩阵 A 的行数。

为了进行测试，我们先来生成一个 10×100 的随机矩阵 A 以及一个大小为 100 的随机向量 x，然后将 y 初始化为由 10 个 0 元素组成的向量。最后，将 alpha 设置为 1，将 beta 设置为 0，这样设置的目的是直接进行矩阵相乘，而无须缩放：

```
m = 10
n = 100
alpha = 1
beta = 0
A = np.random.rand(m,n).astype('float32')
x = np.random.rand(n).astype('float32')
y = np.zeros(m).astype('float32')
```

现在，我们必须把矩阵 A 转换为列主序格式。因为在默认情况下，NumPy 是以行主序格式来存放矩阵的，也就是说，矩阵最终是存放在一个一维数组中的：先存放矩阵的第一行，接着存放矩阵的第二行，以此类推。注意，矩阵的转置操作就是将其列与行进行互换，实际上，用于存放转置后的矩阵的新一维数组，与以列主序存放原始矩阵的数组是一样的。我们可以使用 A.T.copy 函数创建矩阵 A 的转置矩阵的副本，并同 x 和 y 一起复制到 GPU 中，具体代码如下所示：

```
A_columnwise = A.T.copy()
A_gpu = gpuarray.to_gpu(A_columnwise)
x_gpu = gpuarray.to_gpu(x)
y_gpu = gpuarray.to_gpu(y)
```

我们已经在 GPU 上正确地存储了列主序矩阵，因此可以使用_CUBLAS_OP 字典给 trans 变量赋值，而无须进行转置操作：

```
trans = cublas._CUBLAS_OP['N']
```

矩阵的大小与所要使用的行数完全相同，因此我们可以将参数 lda 的值设为 m。同时，将向量 x 和向量 y 的步长都设为 1。完成上述设置后，我们就可以创建 CuBLAS 上下文并存储其句柄了，具体代码如下所示：

```
lda = m
incx = 1
incy = 1
```

```
handle = cublas.cublasCreate()
```

接下来，就可以启动函数了。记住，参数 `A`、`x` 和 `y` 都是 PyCUDA `gpuarray` 对象，因此我们必须使用 `gpudata` 参数将其传入该函数中。

完成上述工作后，就可以调用函数了，具体如下所示：

```
cublas.cublasSgemv(handle, trans, m, n, alpha, A_gpu.gpudata, lda,x_gpu.gpudata, incx,
beta, y_gpu.gpudata, incy)
```

接下来，我们将销毁 cuBLAS 上下文，并检查返回值的正确性，具体代码如下所示：

```
cublas.cublasDestroy(handle)
print 'cuBLAS returned the correct value: %s' % np.allclose(np.dot(A,x),y_gpu.get())
```

7.3.4　利用 cuBLAS 中的第 3 级 GEMM 操作测量 GPU 性能

接下来，我们将介绍如何用 CuBLAS 执行 GEMM 操作。与前文介绍的几个 cuBLAS 库的示例相比，这里的例子更加实用一些——测量 GPU 的性能。准确来说，是测量 CPU 每秒可以执行的**浮点数运算**（Float Point Operations Per Second，FLOPS）次数，其中包括单精度和双精度浮点数的运算性能。

GEMM 运算是评估计算硬件性能（以 FLOPS 为单位）的标准技术，因为与以 MHz 或 GHz 为单位的时钟频率相比，GEMM 可以更好地评估计算性能。

在第 6 章中，我们详细介绍了矩阵-矩阵乘法的计算过程。如果你不太熟悉这方面的内容，请先回顾第 6 章中的相关介绍。

首先，我们来看看 GEMM 操作是如何定义的：

$$\boldsymbol{C} \leftarrow \alpha \boldsymbol{A}\boldsymbol{B} + \beta \boldsymbol{C}$$

这意味着，我们需要对矩阵 $\boldsymbol{A}$ 和 $\boldsymbol{B}$ 进行矩阵乘法运算，并将结果缩放 α 倍，然后与缩放 β 倍的矩阵 $\boldsymbol{C}$ 相加，将最终结果放入矩阵 $\boldsymbol{C}$ 中。

接下来，让我们看看执行浮点数 GEMM 运算时，需要执行多少次浮点数运算。其中，假设 $\boldsymbol{A}$ 是一个 $m \times k$（其中 m 是行数，k 是列数）矩阵，$\boldsymbol{B}$ 是一个 $k \times n$ 矩阵，$\boldsymbol{C}$ 是一个 $m \times n$ 矩阵。首先，让我们看看计算 $\boldsymbol{AB}$ 需要多少次运算。当用矩阵 $\boldsymbol{A}$ 的某一列乘矩阵 $\boldsymbol{B}$ 时，相

当于对矩阵 ***A*** 中的每一行执行 k 次乘法与 $k-1$ 次加法，矩阵 ***A*** 共有 m 行，因此共需要执行 $km+(k-1)m$ 次浮点数运算。矩阵 ***B*** 共有 n 列，因此，计算 ***AB*** 时总需要执行 $kmn+(k-1)mn=2kmn-mn$ 次浮点数运算。之后，我们使用 α 来缩放 ***AB***，这将需要执行 mn 次浮点数运算，因为矩阵 ***AB*** 的大小为 mn。同样，使用 β 缩放矩阵 ***C*** 时，需要执行 mn 次浮点数运算。最后，我们将这两个矩阵相加，需要执行 mn 次浮点数运算。这意味着在给定的 GEMM 运算中，我们将总共需要执行 $2kmn-mn+3mn=2kmn+2mn=2mn(k+1)$ 次浮点数运算。

现在，我们只需运行一次 GEMM 运算，记下运算耗时以及各个矩阵的大小，然后用 $2kmn+2mn$ 除以运算时间来计算 GPU 的运算性能，以 FLOPS 为单位。注意，这样得到的数字将非常大，因此我们可以用 GFLOPS 作为其单位，即每秒进行多少个“10^9 次浮点数运算”，为此，只需将以 FLOPS 为单位的值乘 10^{-9} 即可。

现在，我们开始编写代码。首先，我们需要导入相关的模块，尤其是 `time` 函数：

```
import pycuda.autoinit
from pycuda import gpuarray
import numpy as np
from skcuda import cublas
from time import time
```

然后，给表示矩阵大小的变量 `m`、`n` 和 `k` 赋值。在这里，我们需要将矩阵的大小设置得大一些，以使运算时间足够长，从而避免除零错误。对于 2018 年年中或更早之前发布的 GPU 来说，以下取值应该足够了。但是，对于上述时间之后发布的新型 GPU 来说，可以考虑设置更大的数值：

```
m = 5000
n = 10000
k = 10000
```

现在我们编写一个函数，来求 GPU 的单精度和双精度浮点数运算性能，这里以 GFLOPS 为单位。如果测量双精度浮点数运算性能，则需要将函数的输入值设为 `D`；如果测量单精度浮点数运算性能，则需要将函数的输入值设为 `S`：

```
def compute_gflops(precision='S'):

if precision=='S':
    float_type = 'float32'
elif precision=='D':
    float_type = 'float64'
else:
    return -1
```

现在，让我们生成一些随机矩阵，并为这些矩阵的值设置适当的精度，以计时之用。实际上，GEMM 运算过程与 GEMV 运算有些类似，因此，在将它们复制到 GPU 之前，我们必须先进行转置。（注意，这里的计算只用于计时，所以这一步并不是必需的，但是为了养成良好的习惯，这一步是必需的。）

为了执行 GEMM 运算，我们还需要对其他必要的变量进行设置。这些变量的含义与 GEMV 运算中使用的变量（如 transa、lda、ldb 等）是一致的，因此这里就不多解释了：

```
A = np.random.randn(m, k).astype(float_type)
B = np.random.randn(k, n).astype(float_type)
C = np.random.randn(m, n).astype(float_type)
A_cm = A.T.copy()
B_cm = B.T.copy()
C_cm = C.T.copy()
A_gpu = gpuarray.to_gpu(A_cm)
B_gpu = gpuarray.to_gpu(B_cm)
C_gpu = gpuarray.to_gpu(C_cm)
alpha = np.random.randn()
beta = np.random.randn()
transa = cublas._CUBLAS_OP['N']
transb = cublas._CUBLAS_OP['N']
lda = m
ldb = k
ldc = m
```

我们现在可以启动计时器了！首先，创建一个 cuBLAS 上下文：

```
t = time()
handle = cublas.cublasCreate()
```

接下来，我们就可以执行 GEMM 运算了。注意，用于执行该运算的函数实际上有两个版本，其中，cublasSgemm 函数用于单精度浮点数运算，而 cublasDgemm 函数用于双精度浮点数运算。实际上，我们可以借助 Python 的一个小技巧来执行适当的函数：先编写一个含有 cublas%sgemm 及相应参数的字符串，然后借助于% precision 将该字符串中的%s 替换为 D 或 S。最后，使用 exec 函数将该字符串作为 Python 代码执行，具体代码如下所示：

```
exec('cublas.cublas%sgemm(handle, transa, transb, m, n, k, alpha,A_gpu.gpudata, lda,
B_gpu.gpudata, ldb, beta, C_gpu.gpudata, ldc)' %precision)
```

接下来，就可以销毁 cuBLAS 上下文并得到计算时间了：

```
cublas.cublasDestroy(handle)
t = time() - t
```

然后，我们需要使用前面导出的公式计算 GPU 的运算性能（以 GFLOPS 为单位），并将其作为该函数的输出返回：

```
gflops = 2*m*n*(k+1)*(10**-9) / t
return gflops
```

下面我们开始编写 main 函数。在这里，我们将输出 GPU 的单精度和双精度浮点数运算性能（以 GFLOPS 为单位）：

```
if __name__ == '__main__':
    print 'Single-precision performance: %s GFLOPS' % compute_gflops('S')
    print 'Double-precision performance: %s GFLOPS' % compute_gflops('D')
```

在运行这个程序之前，我们还需要做一点功课：搜索自己的 GPU 型号，并记下其单精度浮点数运算性能和双精度浮点数运算性能。我们使用的 GPU 为 GTX 1050，根据搜索结果，其单精度浮点数运算性能为 1862 GFLOPS，双精度浮点数运算性能为 58.20 GFLOPS。好了，让我们运行上面的编写的示例程序，看看其输出结果是否符合事实，如图 7-1 所示。

```
In [3]: run cublas_gemm_flops.py
Single-precision performance: 1748.4264918 GFLOPS
Double-precision performance: 61.7956005349 GFLOPS
```

图 7-1

可以看到，基本一致！

这个程序也可以从配套资源的 cublas_gemm_flops.py 中找到。

7.4　利用 cuFFT 库进行快速傅里叶变换

下面我们介绍如何利用 cuFFT 库来处理基本的**快速傅里叶变换**（FFT）。首先，让我们简单回顾一下傅里叶变换到底是什么。如果你学过微积分或数学分析课程，应该还记得傅里叶变换可以定义为如下所示的积分公式：

$$\hat{f}(\xi)=\int_{-\infty}^{\infty} f(x)\mathrm{e}^{-2\pi i x\xi}\mathrm{d}x$$

其中，f 为 x 上的时域函数，通过上述公式，我们就可以得到对应于“ξ”上的频域函数了。事实证明，这一个非常有用的工具，已经在科学和工程上得到了广泛的应用。

需要记住的是，我们可以把积分看作求和。此外，还存在一个离散的、有限版本的傅里叶变换，即离散傅里叶变换（Discrete Fourier Transform，DFT）。它用于处理有限长度的向量，并能在频域中对其进行分析或修改。下面给出 n 维向量 $\boldsymbol{x}$ 的离散傅里叶变换的定义：

$$\hat{\boldsymbol{x}}[k]=\sum_{n=0}^{N-1}\boldsymbol{x}[n]\cdot \mathrm{e}^{-\frac{2\pi i}{N}kn}$$

换句话说，我们可以将向量 $\boldsymbol{x}$ 乘 $N\times N$ 的复数矩阵 $[\mathrm{e}^{-\frac{2\pi i}{N}kn}]_{k,n=0}^{N-1}$（这里 k 对应行数，而 n 对应列数），从而进行 DFT。还有一个从向量 $\boldsymbol{x}$ 的 DFT（用 $\boldsymbol{y}$ 替换该公式中的 $\boldsymbol{x}$，就能得到原始的向量 $\boldsymbol{x}$）中提取 $\boldsymbol{x}$ 的逆公式，具体如下所示：

$$\breve{y}[n]=\frac{1}{N}\sum_{k=0}^{N-1}y[k]\cdot \mathrm{e}^{-\frac{2\pi i}{N}kn}$$

通常情况下，对于长度为 N 的向量，计算矩阵-向量运算的计算复杂度为 $O(N^2)$。然而，利用 DFT 矩阵中的对称性，通过 FFT 可以将该计算复杂度降低为 $O(N\log N)$。下面我们将通过一个更加有趣的示例来演示如何联合应用 FFT 与 cuBLAS。

7.4.1 一维快速傅里叶变换示例

下面我们将介绍如何使用 cuBLAS 处理简单的一维 FFT 运算，为此需要先了解一下 Scikit-CUDA 中的 cuFFT 库。

我们可以通过两个子模块来访问 cuFFT 库，这两个子模块分别是 `cufft` 和 `fft` 模块。其中，`cufft` 模块提供了一组用于访问 cuFFT 库的低级包装器，而 `fft` 模块则提供了一个更加友好的接口。在本章中，我们只介绍 `fft` 模块。

首先，我们需要导入相应的模块，尤其是 Scikit-CUDA `fft` 子模块：

```
import pycuda.autoinit
from pycuda import gpuarray
import numpy as np
from skcuda import fft
```

接下来，我们将要创建一些随机数组，并将其复制到 GPU，然后创建一个空的 gpuarray 对象，用于存储 FFT（注意，这里的输入是一个 `float32` 类型的实数数组，但输出将是一个 `complex64` 类型的复数数组，因为傅立叶变换总是返回复数值）：

```
x = np.asarray(np.random.rand(1000), dtype=np.float32 )
x_gpu = gpuarray.to_gpu(x)
```

```
x_hat = gpuarray.empty_like(x_gpu, dtype=np.complex64)
```

我们现在将为正向 FFT 设置一个 cuFFT 计划。它其实就是一个对象，cuFFT 可以通过它来确定 FFT 的输入和输出的数据类型及其形状：

```
plan = fft.Plan(x_gpu.shape,np.float32,np.complex64)
```

此外，我们还需要为反向 FFT 创建一个计划。注意，这一次输入的类型为 complex64（复数），而输出的类型为 float32（浮点数）：

```
inverse_plan = fft.Plan(x.shape, in_dtype=np.complex64,
out_dtype=np.float32)
```

现在，我们先进行正向 FFT，将 x_gpu 转换为 x_hat。然后，再执行反向 FFT，将 x_hat 转换回 x_gpu。注意，在执行反向 FFT 时，需要令 scale=true。之所以这样设置，是为了让 cuFFT 将反向 FFT 缩放 $1/N$：

```
fft.fft(x_gpu, x_hat, plan)
fft.ifft(x_hat, x_gpu, inverse_plan, scale=True)
```

现在，我们将检查 x_hat 与 NumPy 的 FFT 函数计算得到 x 的快速傅里叶变换是否一致，以及 x_gpu 与 x 本身是否一致：

```
y = np.fft.fft(x)
print 'cuFFT matches NumPy FFT: %s' % np.allclose(x_hat.get(), y,atol=1e-6)
print 'cuFFT inverse matches original: %s' % np.allclose(x_gpu.get(), x,atol=1e-6)
```

运行上述代码后，我们会发现 x_hat 与 y 并不匹配，但令人费解的是 x_gpu 与 x 竟然是匹配的。这是怎么回事呢？首先，要记住 x 为实数，如果我们观察离散傅里叶变换的计算方式，就会发现实数向量的离散傅里叶变换的输出结果，在 $N/2$ 位置之后，会以复共轭形式重复。虽然 NumPy FFT 会输出完整的计算结果，但对于 cuFFT 来说，如果发现输入为实数，那么只计算前半部分的输出，并将输出的其余部分设为 0，以节约时间。所以，这种情况下应该只检查前半部分。

因此，如果我们将前面代码中的第一个 print 语句改为只比较 cuFFT 和 NumPy 的前 $N/2$ 个输出，那么它将返回 true：

```
print 'cuFFT matches NumPy FFT: %s' % np.allclose(x_hat.get()[0:N//2],y[0:N//2], atol=1e-6)
```

7.4.2　使用 FFT 进行卷积操作

现在我们研究如何使用 FFT 进行卷积操作。首先，让我们回顾一下什么是卷积：给

定两个一维向量 $\boldsymbol{x}$ 和 $\boldsymbol{y}$，其卷积的定义如下所示：

$$(\boldsymbol{x} * \boldsymbol{y})[n] = \sum_{m=-\infty}^{\infty} x[m]y[n-m]$$

我们之所以对这种运算感兴趣，因为如果 x 是一个很长的连续信号，并且 y 只具有少量的局部非零值，那么我们可以将 y 作为 x 的滤波器。实际上，滤波器本身就有很多应用。首先，我们可以使用滤波器来平滑信号（这在数字信号处理和图像处理中非常常见），还可以用它来收集信号 x 的样本，以便用样本来表示信号或对其进行压缩（这在数据压缩或压缩传感领域很常见），抑或用滤波器来收集特征，用于机器学习中的信号或图像识别这种思想构成了卷积神经网络的基础）。

当然，计算机无法（至少现在还不能）处理无限长度的向量，因此我们将考虑循环卷积。对于循环卷积来说，处理的对象是两个长度为 n 的向量，当这些向量的索引小于 0 或大于 $n-1$ 时，将会绕到向量的另一端，也就是说，$x[-1] = x[n-1]$、$x[-2]=x[n-2]$、$x[n]=x[0]$、$x[n+1]=x[1]$，以此类推。下面给出向量 $\boldsymbol{x}$ 和 $\boldsymbol{y}$ 的循环卷积的定义：

$$(\boldsymbol{x} * \boldsymbol{y})[n] = \sum_{m=0}^{N-1} \boldsymbol{x}[m]\boldsymbol{y}[n-m]$$

事实上，我们可以通过 FFT 轻松地执行循环卷积运算。为此，只需对 $\boldsymbol{x}$ 和 $\boldsymbol{y}$ 执行 FFT，将结果逐元素相乘，然后对最终结果执行反向 FFT 即可。这就是所谓的卷积定理，它也可以表示为下列形式：

$$(\boldsymbol{x} * \boldsymbol{y})[n] = \hat{\boldsymbol{x}}\ \hat{\boldsymbol{y}}[n]$$

因为我们希望将结果应用于信号处理，所以将在二维空间执行该运算。虽然前文只讲过一维 FFT 和卷积运算，但二维卷积和 FFT 的工作方式与一维的情形非常相似，只不过在索引上面更加复杂一些而已。所以，这里将跳过二维卷积和 FFT 的工作方式的介绍，直接介绍其应用方法。

7.4.3 利用 cuFFT 进行二维卷积

现在我们要编写一个程序，利用基于 cuFFT 的二维卷积对一幅图像进行**高斯滤波**。所谓高斯滤波，就是一种使用高斯滤波器平滑粗糙图像的操作。之所以这样命名，是因为该操作基于统计学中的高斯（正态）分布。下面是高斯滤波器在二维空间上的定义，其中 σ 为标准差：

$$G(x,y)=\frac{1}{\sqrt{2\pi\sigma^2}}\mathrm{e}^{-\frac{x^2+y^2}{2\sigma^2}}$$

在用滤波器对离散图像执行卷积运算时，有时会把滤波器称为**卷积核**。通常来说，图像处理工程师会将其简称为内核（Kernel），但是，为了避免与 CUDA 内核函数混淆，本书将使用完整的术语，即卷积核。在本例中，我们将使用高斯滤波器的离散版本作为卷积核。

首先，我们需要导入所需的模块。注意，这里将用到 Scikit-CUDA 的 `linalg` 子模块，因为它能提供比 cuBLAS 更高级别的接口。这里处理的是图像，因此还需导入 Matplotlib 的 `pyplot` 子模块。还需要注意的是，从现在开始我们将使用 Python 3 风格的除法运算符，也就是说，两个整数相除时，如果使用运算符/（而//表示向下取整除法运算符），那么返回值将是一个浮点数，并且无须进行显式的类型转换：

```
from __future__ import division
import pycuda.autoinit
from pycuda import gpuarray

import numpy as np
from skcuda import fft
from skcuda import linalg
from matplotlib import pyplot as plt
```

下面我们开始编写卷积函数。该函数需要接收两个大小相同的 NumPy 数组，即数组 `x` 和 `y`。此后，我们会将其转换为 `complex64` 类型的数组，如果它们的大小不一样，则返回`-1`：

```
def cufft_conv(x , y):
    x = x.astype(np.complex64)
    y = y.astype(np.complex64)

    if (x.shape != y.shape):
        return -1
```

下面我们开始创建 FFT 计划对象和反向 FFT 计划对象：

```
plan = fft.Plan(x.shape, np.complex64, np.complex64)
inverse_plan = fft.Plan(x.shape, np.complex64, np.complex64)
```

现在，我们将这些数组复制到 GPU。同时，我们还需要创建两个具有适当大小的空数组，以保存这些数组的 FFT 结果；还需要创建另外一个数组（`out_gpu`），以保存卷积运算的结果：

```
x_gpu = gpuarray.to_gpu(x)
y_gpu = gpuarray.to_gpu(y)

x_fft = gpuarray.empty_like(x_gpu, dtype=np.complex64)
y_fft = gpuarray.empty_like(y_gpu, dtype=np.complex64)
out_gpu = gpuarray.empty_like(x_gpu, dtype=np.complex64)
```

下面我们来执行 FFT 运算：

```
fft.fft(x_gpu, x_fft, plan)
fft.fft(y_gpu, y_fft, plan)
```

现在，我们使用 `linalg.multiply` 函数对矩阵 `x_fft` 和 `y_fft` 执行逐元素相乘，即求哈达玛积。这里，我们令 `overwrite = True`，以便将最终运算结果写入矩阵 `y_fft`：

```
linalg.multiply(x_fft, y_fft, overwrite=True)
```

现在，我们将调用反向 FFT 函数，并将最终结果输出到 `out_gpu` 中，随后会将这些值传给主机并将其返回：

```
fft.ifft(y_fft, out_gpu, inverse_plan, scale=True)
conv_out = out_gpu.get()
return conv_out
```

与输入图像相比，卷积核要小得多，因此我们必须调整这两个二维数组（用于存放卷积核和图像）的大小，使其规模一致，以便进行逐元素相乘操作。实际上，我们不仅要确保其规模一致，还要确保对数组执行零填充，以便令卷积核适当居中。注意，进行零填充就意味着将在图像周边添加一个零缓冲区，以免产生交叠误差（Wrap-around Error）。如果我们使用 FFT 来执行卷积操作的话，请记住这是一个循环卷积，因此边沿实际上总是交叠的。在完成卷积操作后，我们就可以删除图像周边的零缓冲区，从而得到最终的输出图像。

让我们创建一个名为 `conv_2d` 的新函数，其输入参数包括一个卷积核（`ker`）和一幅图像（`img`）。经填充处理后的图像大小为 `(2*ker.shape[0] + img.shape[0], 2*ker.shape[1] + img.shape[1])`。现在，我们先来创建卷积核，并填充好它。为此，我们可以根据图像大小创建一个 2D 零数组，然后将左上角的子矩阵设置为卷积核，具体代码如下所示：

```
def conv_2d(ker, img):
```

```
    padded_ker = np.zeros( (img.shape[0] + 2*ker.shape[0], img.shape[1] +
2*ker.shape[1] )).astype(np.float32)
    padded_ker[:ker.shape[0], :ker.shape[1]] = ker
```

现在，我们必须适当地移动卷积核，使其中心精确地位于坐标（0,0）上。为此，我们可以借助于 NumPy 的 `roll` 命令，代码如下所示：

```
padded_ker = np.roll(padded_ker, shift=-ker.shape[0]//2, axis=0)
padded_ker = np.roll(padded_ker, shift=-ker.shape[1]//2, axis=1)
```

下面我们还需要对输入图像进行适当的填充：

```
padded_img = np.zeros_like(padded_ker).astype(np.float32)
padded_img[ker.shape[0]:-ker.shape[0], ker.shape[1]:-ker.shape[1]] = img
```

现在，我们终于得到了两个大小相同且具有适当格式的数组。接下来，就轮到 `cufft_conv` 函数上场了：

```
out_ = cufft_conv(padded_ker, padded_img)
```

我们将删除图像周边的零缓冲区，并返回结果：

```
output = out_[ker.shape[0]:-ker.shape[0], ker.shape[1]:-ker.shape[1]]
return output
```

别急，工作还没完成。接下来，让我们编写一些简单的函数来设置高斯滤波器，并将其应用于图像中。实际上，借助于 Lambda 函数，只需一行代码就能编写一个简单的滤波器：

```
gaussian_filter = lambda x, y, sigma : (1 / np.sqrt(2*np.pi*(sigma**2)))*np.exp( -(x
**2 + y**2) / (2 * (sigma**2) ))
```

接下来，我们将编写一个函数，利用这个滤波器输出离散卷积核的处理结果。在这里，我们也将卷积核的高度和长度都设置为 `2*sigma+1`，因为这是一种标准的做法。

注意，这里对卷积核的值进行了归一化处理，方法是对相应的值进行求和，并将其保存到 `total_` 中，然后将相应的值除以 `total_`。

```
def gaussian_ker(sigma):
    ker_ = np.zeros((2*sigma+1, 2*sigma+1))
    for i in range(2*sigma + 1):
        for j in range(2*sigma + 1):
            ker_[i,j] = gaussian_filter(i - sigma, j - sigma, sigma)
    total_ = np.sum(ker_.ravel())
```

```
    ker_ = ker_ / total_
    return ker_
```

接下来，我们准备在一个图像上测试上述代码！作为测试用例，我们将借助于高斯滤波器，对本书编辑 Akshada Iyer 的彩色 JPEG 相片进行模糊化处理。（该图像位于配套资源的 Chapter07 目录下，相应的文件名为 akshada.jpg。）为此，我们可以使用 Matplotlib 的 imread 函数来读取图像。在默认情况下，该图像将以无符号的 8 位整型数组的形式进行存储，数组元素的取值范围为 0～255。因此，我们需要将这个数组转换为浮点型数组，并对其进行归一化处理，使其元素的取值范围变为 0～1。

如果你阅读的是纸质图书，请注意，虽然你看到的图像是黑白的，但实际运行过程中它是彩色的。

接下来，我们还需要创建一个空的零数组来存储经过模糊处理的图像：

```
if __name__ == '__main__':
    akshada = np.float32(plt.imread('akshada.jpg')) / 255
    akshada_blurred = np.zeros_like(akshada)
```

下面让我们设置卷积核，这里令标准差为 15 应该就足够了：

```
ker = gaussian_ker(15)
```

接下来，我们就可以对图像进行模糊处理了。这是一幅彩色图像，所以我们必须对各个颜色（红、绿、蓝）图层单独进行高斯滤波处理。图层可以通过图像数组的第三个维度进行索引：

```
for k in range(3):
    akshada_blurred[:,:,k] = conv_2d(ker, akshada[:,:,k])
```

现在，让我们通过一些 Matplotlib 技巧来并排显示模糊化处理前后的图像：

```
fig, (ax0, ax1) = plt.subplots(1,2)
fig.suptitle('Gaussian Filtering', fontsize=20)
ax0.set_title('Before')
ax0.axis('off')
ax0.imshow(akshada)
ax1.set_title('After')
ax1.axis('off')
ax1.imshow(akshada_blurred)
plt.tight_layout()
plt.subplots_adjust(top=.85)
plt.show()
```

我们终于可以运行示例代码，查看高斯滤波的效果了，如图 7-2 所示。

高斯滤波

前　　　　　　后

图 7-2

这个程序可以从配套资源的 conv_2d.py 文件中找到。

7.5　通过 Scikit-CUDA 使用 cuSolver

接下来，我们将介绍如何通过 Scikit-CUDA 的 linalg 子模块来使用 cuSolver 库。同样，该模块也为 cuBLAS 和 cuSolver 库提供了高级接口，以帮助我们避免陷入细节的泥潭中。

正如前文所述，cuSolver 是一个用于执行比 cuBLAS 更高级的线性代数运算的库，例如 SVD、LU/QR/Cholesky 分解以及特征值计算等。cuSolver 与 cuBLAS 和 cuFFT 一样，也是一个功能异常丰富的库，因此这里将仅介绍数据科学和机器学习领域中常见的一种运算：SVD。

关于 cuSolver 库的详细介绍，请参阅英伟达公司提供的 cuSOLVER 官方文档。

7.5.1　奇异值分解

进行奇异值分解（SVD）时，输入的是一个 $m \times n$ 的矩阵 $\boldsymbol{A}$，输出的是 3 个矩阵：

即矩阵 $\boldsymbol{U}$、矩阵 $\boldsymbol{\Sigma}$ 和矩阵 $\boldsymbol{V}$。其中，$\boldsymbol{U}$ 是一个 $m \times m$ 的酉矩阵，$\boldsymbol{\Sigma}$ 是一个 $m \times n$ 的对角矩阵，$\boldsymbol{V}$ 是一个 $n \times n$ 的酉矩阵。所谓**酉矩阵**，是指矩阵的列构成正交基；所谓**对角矩阵**，是指除了沿对角线上的值，矩阵中的所有值都为零。

奇异值分解的意义在于，它能够将矩阵 $\boldsymbol{A}$ 分解成满足下列条件的一组矩阵：$\boldsymbol{A} = \boldsymbol{U}\boldsymbol{\Sigma}\boldsymbol{V}^{\mathrm{T}}$。此外，在矩阵 $\boldsymbol{\Sigma}$ 的对角线上的值都是正值或零值，也就是所谓的奇异值。关于 SVD 的应用，我们很快就会看到，但是眼下我们需要记住的是，SVD 的计算复杂度是 $O(mn^2)$——因此，在处理大型矩阵时，使用 GPU 绝对是个好主意，因为这种算法是可并行化的。

接下来，我们开始讲解如何计算矩阵的 SVD。首先，我们需要导入相关的模块：

```
import pycuda.autoinit
from pycuda import gpuarray
import numpy as np
from skcuda import linalg
```

我们现在将生成一个比较大的随机矩阵，并将其传输到 GPU 中：

```
a = np.random.rand(1000,5000).astype(np.float32)
a_gpu = gpuarray.to_gpu(a)
```

我们现在可以执行 SVD 运算了。运算结束后，将输出 3 个矩阵。但是，在此之前，我们需要用到两个参数，第一个参数就是刚刚复制到 GPU 中的矩阵数组；第二个参数的作用是，将 cuSolver 指定为在后端执行 SVD 的库：

```
U_d, s_d, V_d = linalg.svd(a_gpu, lib='cusolver')
```

现在，我们把这些数组从 GPU 复制到主机上：

```
U = U_d.get()
s = s_d.get()
V = V_d.get()
```

实际上，`s` 是以一维数组的形式存储的，所以我们还需要创建一个大小为 1000 × 5000 的零矩阵，并沿对角线复制这些值。为了完成这项任务，我们可以使用 NumPy 的 `diag` 函数，同时，还需要用到数组切片的技巧：

```
S = np.zeros((1000,5000))
S[:1000,:1000] = np.diag(s)
```

现在，我们可以在主机上用 NumPy 的 `dot` 函数对这些值进行矩阵相乘，以验证它们是否与原始数组相匹配：

```
print 'Can we reconstruct a from its SVD decomposition? : %s' %
np.allclose(a, np.dot(U, np.dot(S, V)), atol=1e-5)
```

这里使用的数据类型为 float32，而且矩阵也比较大，因此导致一点数值误差是在所难免的。所以，我们必须将“容差”（`atol`）级别设置得比通常的稍大一些，但也不能太大，否则无法验证两个数组是否足够接近。

7.5.2　奇异值分解在主成分分析中的应用

主成分分析（Principal Component Analysis，PCA）是一个用于降维的主要工具。利用这个工具，我们可以判断出数据集中哪些维度和线性子空间是最为显著的。虽然实现主成分分析的方法有很多，但本节介绍的是如何使用奇异值分解实现主成分分析。

在这里，我们将使用一个具有 10 个维度的数据集，还需要创建两个向量，其中前面元素的权重较大，后面元素的权重为 0：

```
vals = [ np.float32([10,0,0,0,0,0,0,0,0,0]) ,
np.float32([0,10,0,0,0,0,0,0,0,0]) ]
```

然后，我们将创建 9000 个向量——其中 6000 个向量与前两个向量基本相同，只是添加了一些随机白噪声，而其余 3000 个向量则完全是随机白噪声：

```
for i in range(3000):
    vals.append(vals[0] + 0.001*np.random.randn(10))
    vals.append(vals[1] + 0.001*np.random.randn(10))
    vals.append(0.001*np.random.randn(10))
```

接下来，我们将列表 `vals` 转换为一个 `float32` 类型的 NumPy 数组。之后，我们计算每行的平均值，然后将每行中的元素都减去这个值。（这是 PCA 的必要步骤。）然后，我们将这个数组转置，这是因为 cuSolver 库要求输入数组的行数小于等于其列数：

```
vals = np.float32(vals)
vals = vals - np.mean(vals, axis=0)
v_gpu = gpuarray.to_gpu(vals.T.copy())
```

现在，我们将运行 cuSolver，具体方法跟前文一样，并从 GPU 复制输出值：

```
U_d, s_d, V_d = linalg.svd(v_gpu, lib='cusolver')

u = U_d.get()
s = s_d.get()
v = V_d.get()
```

让我们打开 IPython，并仔细观察 u 和 s 的值。首先，我们来看 s。它的值实际上是**主分量**的平方根，所以我们不妨求其平方，如图 7-3 所示。

```
In [3]: print s**2
[  3.00100688e+05   1.00011516e+05   9.27482639e-03   9.26916022e-03
   9.21287015e-03   9.14533995e-03   9.02440213e-03   8.79677106e-03
   8.72804411e-03   8.61862674e-03]
```

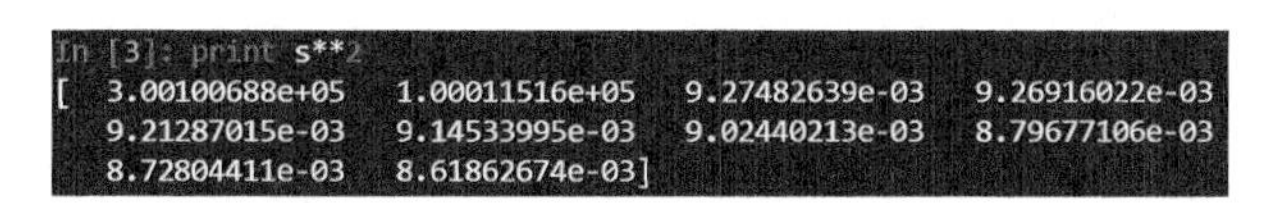

图 7-3

就像我们看到的那样，前两个主分量的数量级为 10^5，而其余分量的数量级为 10^{-3}。这表明，实际上只有一个二维子空间与这些数据相关——这没有什么奇怪的。这个二维子空间对应于第一个值和第二个值，这两个值分别对应于第一主分量和第二主分量，而这两个主分量又对应于相应的向量。下面就让我们来看看这些向量，它们将被存储在矩阵 u 中，如图 7-4 所示。

```
In [4]: print u[:,0]
[ -7.07105637e-01   7.07107902e-01  -3.11021381e-06  -1.28881106e-06
  -2.04502885e-06   1.54779946e-06  -2.50539756e-06   3.35367849e-06
  -1.68121846e-06   3.36088988e-07]

In [5]: print u[:,1]
[ -7.07107902e-01  -7.07105637e-01  -5.94599987e-06   1.07432527e-07
   3.17310139e-07  -6.16845739e-07  -9.59202112e-07  -8.96491883e-07
   2.71546742e-06   6.28509406e-06]
```

图 7-4

我们注意到，这两个向量的前两个元素的权重非常大，其数量级为 10^{-1}，而其余元素的数量级则小于等于 10^{-6}，即相关性较低。考虑到数据中的前两个元素的取值是如此“鹤立鸡群”，出现这种结果完全是意料之中的事情。简而言之，这就是 PCA 背后的理念。

7.6 小结

在本章中，我们首先介绍了如何使用 Scikit-CUDA 为 cuBLAS 库提供的包装器。在此过程中，我们必须牢记许多细节，例如何时使用列主序存储方式、一个输入数组是否会被就地覆盖，等等；然后，我们阐释了如何使用 Scikit-CUDA 中的 cuFFT 来执行一维和二维 FFT，以及如何创建一个简单的卷积滤波器；接着，我们展示了如何将卷积滤波器应用于图像，以实现简单的高斯模糊效果；最后，我们研究了如何使用 cuSolver 在 GPU 上进行奇异值分解（SVD）。通常情况下，奇异值分解是一个计算量非常大的操作，但借助于 GPU 的并发特性，我们可以很好地完成这个操作。在本章的结尾部分，我们介绍了如何使用奇异值分解进行简单的主成分分析。

7.7 习题

1. 假设你需要将一份 FORTRAN BLAS 代码翻译成 CUDA 代码。其中，FORTRAN BLAS 代码中含有一个名为 SBLAH 的函数，以及一个名为 ZBLEH 的函数。你能在不查阅相关资料的情况下说出两个函数使用的数据类型吗？
2. 对于本章中 cuBLAS 库第 2 级 GEMV 操作的示例程序来说，如果将矩阵 ***A*** 直接复制到 GPU，而不在主机上通过转置使其变为列主序格式的话，这个示例程序还能正常工作吗？
3. 请使用 cuBLAS 32 位实数点积（`cublasSdot`）操作实现一个行矩阵和一个步长为 1 的向量的矩阵向量乘法。
4. 利用 `cublassDot` 实现矩阵-矩阵乘法。
5. 你能实现一种方法，来精确地测量性能测量示例中的 GEMM 操作的计算时间吗？
6. 在一维 FFT 的示例中，请尝试将 x 转换为 `complex64` 数组，让 FFT 和反向 FFT 计划对象都使用 `complex64` 类型的值。这时，在不检查数组的前半部分的情况下就能确认 `np.allclose(x, x_gpu.get())` 的返回值是否为真，请解释其中的原因。
7. 在卷积示例中，如果你仔细观察的话，就会发现经过模糊处理的图像的周围有一个暗边。请问为什么会出现这种情况？如何改善这种情况？

第8章　CUDA设备函数库与Thrust库

在第7章中，我们介绍了可以通过Scikit-CUDA包装器模块使用的各种CUDA库。在本章中，我们将介绍另外一些CUDA库，它们的共同特点是只能通过CUDA C语言直接调用，而无法通过包装器（例如 Scikit-CUDA 提供的包装器）间接调用。首先，我们将介绍两个标准库，其中含有用于任何CUDA C内核函数的库cuRAND和由设备函数组成的CUDA Math API。掌握这些库的用法后，我们就能通过它们来处理蒙特卡罗积分了。我们知道，蒙特卡罗积分是一种著名的随机方法，可以通过微分的方式来求解定积分的数值。为此，我们会先通过一个简单的例子，讲解如何通过cuRAND库实现简单的蒙特卡罗积分，从而对π值（这是一个著名的常量，π=3.14159…）进行简单的估计。此后，我们将着手创建一个更加复杂的项目。在这个项目中，我们将构造一个Python类，用于求解任意数学函数的定积分。同时，我们将使用CUDA Math API创建相应的数学函数。在此过程中，我们还将演示如何将元编程思想有效地应用于这个类的设计中。

然后，我们再次借助C++库Thrust来编写一些纯CUDA程序。Thrust是一个用于提供C++模板容器的代码库，类似于C++标准模板库（Standard Template Library，STL）。有了它，即使在编写C++程序的时候，也能够像使用PyCUDA的`gpuarray`以及STL的vector容器那样方便地操作CUDA C数组。使用这个库的好处在于，可以避免经常跟指针打交道，否则使用CUDA C编程时会经常受到这个问题困扰，比如在**分配**和**释放**内存空间时，则经常需要跟指针打交道。

在本章中，我们将介绍下列主题：

- 种子在生成伪随机数列表时的作用；
- 在CUDA内核函数中使用cuRAND设备函数生成随机数；

- 蒙特卡罗积分的概念；
- 在 Python 中使用基于字典的字符串格式进行元编程；
- 使用 CUDA Math API 设备函数库；
- 什么是仿函数；
- 在纯 CUDA C 代码中使用 Thrust 库的向量容器。

8.1 技术要求

本章需要用到配备了 NVIDIA GPU（2016 年以后的版本）的 Linux 或 Windows 10 计算机，需要安装好所有必需的 GPU 驱动程序和 CUDA Toolkit（9.0 以上的版本）软件，还需要安装好含有 PyCUDA 模块的 Python 2.7 软件（例如 Anaconda Python 2.7）。

8.2 cuRAND 设备函数库

下面我们开始了解 cuRAND 库。这是一个标准的 CUDA 库，用于在 CUDA 内核函数中以逐线程的方式生成伪随机值。我们可以通过调用内核函数中各个线程的设备函数来初始化和调用伪随机值。让我们再次强调，cuRAND 只能生成**“伪”随机**值序列——因为数字硬件总是存在确定性，所以无法获得完全的随机性。因此，我们使用算法从一个初始**种子值**生成的随机值序列，只是看上去像是随机的，而非真正的随机值序列。通常来说，我们可以将种子值设置为一个真正的**随机**值（例如以毫秒为单位的时钟时间），这样的话，我们就能够得到一个非常随意的随机值序列。虽然生成的这些随机值与通过相同的种子值生成的序列中现有的值或将来的值没有相关性，但是，当我们将这些由不同的种子值生成的值组合在一起时，就可能存在相关性和重复现象。因此，在使用同一个种子值来生成彼此**随机**的值时，我们必须格外小心。

下面先来看看 curand_init 的函数原型，我们需要使用适当的种子值对其进行初始化：

```
__device__ void curand_init ( unsigned long long seed, unsigned long long
sequence, unsigned long long offset, curandState_t *state)
```

其中，输入都是无符号长整数，对应于 C 语言中无符号（非负值）的 64 位整数。其中，第一个输入值为 `seed`，也就是前面所说的“种子值”。一般来说，我们可以利用时钟值或其他不断变化的值为其赋值。第二个输入值为 `sequence`，正如我们前面所说的那样，只有使用相同的种子值时，由 cuRAND 生成的值相互之间才真正具有数学意义上的随机性。因此，当有多个线程使用相同的种子值时，我们可以使用 `sequence` 来指示当前线程使用哪个长度为 2^{190} 的随机数子序列，并通过 `offset` 来指示在这个子序列中的起始位置，这样我们就能够在每个线程中生成数学意义上互不相关的随机值。

此外，最后一个参数是指向 `curandState_t` 对象的指针，通过它，我们可以了解当前处于随机数序列中的位置。

初始化类对象后，我们就可以通过调用相应的设备函数，来生成具有相应的随机分布的随机值了。其中，常见的两种分布为：均匀分布和正态分布（高斯分布）。均匀分布函数（在 cuRAND 库中就是 `curand_uniform` 函数）的输出值均匀分布在给定区间内：也就是说，对于分布范围为 0～1 的均匀分布来说，输出值落在 0～0.1、0.9～1 或任何间距为 0.1 的区间内的概率都是 10%。正态分布函数（例如 cuRAND 库中的 `curand_normal` 函数）的输出值呈钟形曲线分布，其对称中心由平均值确定，扁平程度由标准差决定。（在默认情况下，cuRAND 库的 `curand_normal` 函数的平均值为 0，标准差为 1，因此要想改变该分布的对称中心和扁平程度，必须手动修改这两个值。）

cuRAND 库支持的另一种常见分布是泊松分布（对应于 `curand_poisson` 函数），可用于对随机事件随时间的发生情况进行建模。

在后文中，我们将主要研究 cuRAND 库中均匀分布函数的使用方法，因为它们适用于蒙特卡罗积分。如果你有兴趣学习如何使用 cuRAND 库中的其他函数，那么可以参阅 NVIDIA 的官方文档。

用蒙特卡罗方法估计圆周率

首先，我们将利用 cuRAND 库提供的函数来估算著名的数学常数 π（圆周率）——这是一个无理数，即无限不循环小数 3.14159265358979…。

然而，在着手计算圆周率之前，先让我们看看这个概念的具体含义。我们知道，对于一个圆来说，其半径（R）是从圆心到圆上任意一点的距离，圆的直径 $D = 2R$；同时，我们用字母 C 表示圆的周长。圆周率定义为 $\pi=C / D$。我们可以用欧几里得几何推导出圆的面积公式，即 $A = \pi R^2$。现在，假设我们有一个半径为 R 的圆，外接一个边长为 $2R$ 的正方形：

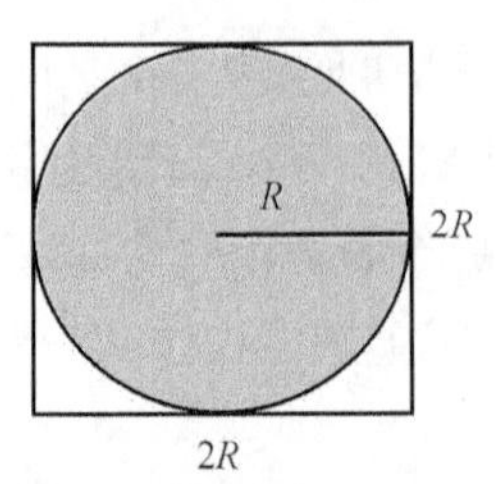

当然，我们知道正方形的面积为$(2R)^2=4R^2$。如果半径 $R=1$，这时圆的面积正好是 π，而正方形的面积恰好为 4。我们进一步假设圆和正方形的中心都位于笛卡儿平面的原点(0,0)处。现在，让我们在正方形内取一个完全随机的点，其坐标为(x,y)，并检查这个点是否位于圆内。我们具体该怎么做呢？这时，我们可以求助于毕达哥拉斯公式：通过检查 x^2+y^2 是否小于或等于 1 来判断这个点是否位于圆内。在这里，我们将使用 *iters* 表示选择的随机点的总数，用 *hits* 表示落在圆内的随机点的数量。

不难理解，圆的面积与矩形的面积的比值，与随机选择的点落在圆内的概率成正比，这个概率为 π/4。因此，当选取的随机点的数量非常多时，我们会得到以下近似值：

$$\pi \approx 4\frac{hits}{iters}$$

这就是我们用于估算 π 值的方法！注意，只有迭代次数达到一定数量后，这种方法才能逼近π值，而这正是并行计算的用武之地：我们可以检查不同线程中的“命中数”，注意，命中数需要除以所有线程的总迭代次数。当所有线程运行结束后，只需要将所有线程的命中数加起来，就可以得到估计值。

下面我们将通过代码来实现这个蒙特卡洛估计算法。首先，我们需要导入 PyCUDA 程序所需的常见 Python 模块。注意，这里专门从 SymPy 库中导入了一个函数。

SymPy 库用于在 Python 中进行**精确**的符号计算，因此，当我们用到非常大的整数时，借助于 `Rational` 函数，能够在执行除法运算时得到更精确的浮点数。

```
import pycuda.autoinit
import pycuda.driver as drv
from pycuda import gpuarray
from pycuda.compiler import SourceModule
import numpy as np
from sympy import Rational
```

在编译内核函数时，请务必在 `SourceModule` 中设置选项 `no_extern_c= True`。

这样做是为了改变代码的编译方式，使其符合 cuRAND 库的要求，这样代码就能够正确地与 C++代码链接了。接下来，我们开始编写内核函数，并包含相应的头文件：

```
ker = SourceModule(no_extern_c=True, source='''
#include <curand_kernel.h>
```

现在，让我们包含一个用于计算毕达哥拉斯距离的宏。我们只是检查毕达哥拉斯距离值是否等于或小于 1，所以不用计算平方根。此外，我们需要用到许多无符号的 64 位整数，因此可以专门创建一个宏，以免重复输入“`unsigned long long`”：

```
#define _PYTHAG(a,b) (a*a + b*b)
#define ULL unsigned long long
```

我们现在开始设置内核函数。根据 PyCUDA 库的特性，内核函数必须作为真正的 C 函数而不是 C++函数编译到接口中。因此，我们需要使用关键字 `extern "C"`来编写该函数：

```
extern "C" {
```

现在，我们就可以定义内核函数了。该函数需要两个参数：一个参数用于接收 `iters`，即各个线程的迭代次数；另一个参数用于接收一个数组，用于保存每个线程的总命中数。为此，我们需要使用一个 `curandState` 对象：

```
__global__ void estimate_pi(ULL iters, ULL * hits)
{
    curandState cr_state;
```

让我们将全局线程 ID 保存在一个名为 `tid` 的整数中：

```
int tid = blockIdx.x * blockDim.x + threadIdx.x;
```

clock 是一个用于获取当前时间的设备函数，时间单位可以精确到毫秒。实际上，通过对 `tid` 与 `clock` 函数的输出值进行相加，我们就可以让每个线程得到一个独一无二的种子。我们无须使用不同的子序列或偏移量，所以可以将它们都设置为 0。此外，我们还需要将这里数据的类型都转换为 64 位无符号整数：

```
curand_init( (ULL) clock() + (ULL) tid, (ULL) 0, (ULL) 0, &cr_state);
```

接下来，让我们设置 `x` 和 `y` 的值，用于保存正方形中的一个随机点：

```
float x, y;
```

然后，我们将迭代 `iters` 次，以考察在此过程中有多少个随机点落入圆中。为此，我们可以使用 `curand_uniform(&cr_state)`来生成随机点。注意，随机点的毕达哥拉斯距离的取值范围为 0～1，而不是-1～1，因为`_PYTHAG`宏中的平方运算将消除所有的负值：

```
for(ULL i=0; i < iters; i++)
 {
     x = curand_uniform(&cr_state);
     y = curand_uniform(&cr_state);

     if(_PYTHAG(x,y) <= 1.0f)
         hits[tid]++;
 }
```

现在，我们需要添加两个}符号：一个用于结束内核函数；另一个用于结束 `extern "C"` 代码块：

```
return;
}
}
''')
```

让我们用`get_function`函数为该内核函数创建 Python 包装器函数。在这里，我们还需要设置线程块和网格的大小：每个线程块含有 32 个线程，每个网格包含 512 个线程块。接下来，让我们计算线程总数，并在 GPU 上设置一个数组来保存所有线程的总命中数（当然，我们需要将其初始化为 0）：

```
pi_ker = ker.get_function("estimate_pi")
threads_per_block = 32
blocks_per_grid = 512
total_threads = threads_per_block * blocks_per_grid
hits_d = gpuarray.zeros((total_threads,),dtype=np.uint64)
```

将每个线程的迭代次数设置为 2^{24}：

```
iters = 2**24
```

接下来，我们就可以启动内核函数了：

```
pi_ker(np.uint64(iters), hits_d, grid=(blocks_per_grid,1,1),
block=(threads_per_block,1,1))
```

现在，让我们对数组中的命中数求和，从而得到总命中数，还要计算数组中所有线程的总迭代次数：

```
total_hits = np.sum( hits_d.get() )
total = np.uint64(total_threads) * np.uint64(iters)
```

现在，我们就可以用 `Rational` 函数来估计圆周率了，代码如下所示：

```
est_pi_symbolic = Rational(4)*Rational(int(total_hits), int(total) )
```

接下来，我们将其转换为浮点数：

```
est_pi = np.float(est_pi_symbolic.evalf())
```

最后，将计算出来的圆周率与 NumPy 常量值 `numpy.pi` 进行比对：

```
print "Our Monte Carlo estimate of Pi is : %s" % est_pi
print "NumPy's Pi constant is: %s " % np.pi
print "Our estimate passes NumPy's 'allclose' : %s" % np.allclose(est_pi,np.pi)
```

至此，编码工作就完成了。接下来，让我们在 IPython 运行该示例代码（该程序也可以从配套资源的 `monte_carlo_pi.py` 文件中找到），如图 8-1 所示。

```
In [25]: run monte_carlo_pi.py
Our Monte Carlo estimate of Pi is : 3.14159237769
NumPy's Pi constant is: 3.14159265359
Our estimate passes NumPy's 'allclose' : True
```

图 8-1

8.3 CUDA Math API

现在，我们来研究一下 CUDA Math API。这是一个由功能类似于标准 C `math.h` 库函数的设备函数组成的库，这些设备函数可以在内核函数中的单个线程中进行调用。这里的一个区别是，单精度和双精度浮点数运算符都经过了重载处理，因此，当调用 `sin(x)` 时，如果 `x` 是一个单精度浮点数，那么该 `sin` 函数的返回值类型为 float 32；如果 `x` 是一个双精度浮点数，那么该 `sin` 函数的返回值类型也是 float 64。（通常情况下，对于返回值类型是 float 32 的函数来说，会在其名称末尾加上字符 f，如 `sinf`。）这个库还提供了许多内部函数。内部函数是内置在 CUDA 硬件中的精度较低但速度较快的数学函数，通常情况下，它们的名称与原始函数相似，只在名称前面多了两个下划线，例如，内部的返回值类型是 float 32 的 `sin` 函数的名称为 `__sinf`。

8.3.1 定积分概述

简单来说，假设有一个数学函数（就像在微积分课程中经常看到的那种函数），我们称之为 $f(x)$。图 8-2 展示了该函数在笛卡儿平面中 a～b 的图像。

现在，让我们来回顾一下积分的具体含义——让我们把图 8-2 所示的第一个灰色区域表示为 I，第二个灰色区域表示为 II，第三个灰色区域表示为 III。注意，这里的第二个灰色区域位于纵轴的零点以下。就本例来说，函数 f 在 a～b 的定积分为 I−II+III，在数学上我们记为 $\int_a^b f(x)\mathrm{d}x$ 。一般情况下，函数在 a～b 的定积分，就是在 x 轴从 a 到 b 这个区间内由函数 f 满足 $y>0$ 的部分所圈起来的全部“正”面积之和，减去在 x 轴从 a 到 b 之间由 f 函数满足 $y<0$ 的部分所圈起来的全部“负”面积之和。

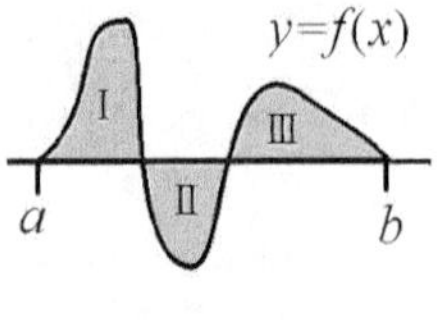

图 8-2

计算或估计函数在某区间内的定积分时，有多种方法可用，例如微积分课程中介绍的方法通常是寻找一个封闭形式的解：先求出函数 f 的反导函数 F，然后计算 $F(b)-F(a)$。但是，在许多情况下，我们无法找到确切的反导函数，因此必须用数值方法来求定积分。这时，我们就可以借助于蒙特卡罗积分了。其背后的思想是：通过在 a～b 取大量的随机值来估计函数 f，然后用它们来求定积分。

8.3.2　用蒙特卡罗方法计算定积分

接下来，我们介绍如何使用 CUDA Math API 来表示任意数学函数 f，并使用 cuRAND 库来实现蒙特卡罗积分。这里，我们将通过**元编程**来实现这一任务：使用 Python 代码模板生成设备函数的代码，而该代码模板将插入适当的蒙特卡罗积分内核函数来求定积分。

这里的想法是，该代码模板将与我们在 PyCUDA 中看到的一些元编程工具类似，比如 `ElementwiseKernel`。

首先，我们需要为新项目导入相关的模块：

```
import pycuda.autoinit
import pycuda.driver as drv
from pycuda import gpuarray
from pycuda.compiler import SourceModule
import numpy as np
```

这里，我们需要用到 Python 中的一个技术，即**基于字典的字符串格式化技术**。在继续介绍其他内容之前，我们先来简单了解一下该技术。假设我们正在编写一段 CUDA C 代码，并且对于某些变量来说，我们可能拿不准应该将其设置为单精度浮点数还是双精度浮点数，假设代码看起来是这样的：`code_string="float x, y; float * z;"`。实际上，我们想要通过格式化代码来实现单精度浮点数和双精度浮点数之间的实时切换。

为此，我们可以将字符串 code_string 中的 float 替换为%(precision)s，则上面的代码将变为 code_string="%(precision)s x, y; %(precision)s * z;"。然后，我们可以定义一个合适的字典，例如定义一个用于将%(presision)s 替换为 double 的字典 code_dict = {'precision' : 'double'}，最后，通过 code_double=code_string%code_dict 命令，我们就得到了定义双精度浮点数所需的代码了，如图 8-3 所示。

```
In [1]: code_string="%(precision)s x, y; %(precision)s * z;"

In [2]: code_dict = {'precision' : 'double'}

In [3]: code_double = code_string % code_dict

In [4]: print code_double
double x, y; double * z;
```

图 8-3

现在，让我们考虑一下新蒙特卡罗积分代码该如何工作。我们希望它再接收一个存放使用 CUDA Math API 编写的数学方程的字符串，以便通过它来定义实现积分操作的函数。然后，我们可以使用上文介绍的基于字典的字符串格式化技术将这个字符串放入代码中，并使用它来求任意函数的积分。代码还必须能够根据用户的决定，使用模板在单精度浮点数和双精度浮点数之间进行切换。

接下来，我们开始编写 CUDA C 代码：

```
MonteCarloKernelTemplate = '''
#include <curand_kernel.h>
```

在这里，我们将沿用前文定义的无符号 64 位整数宏（ULL），还需要定义两个新的宏，其中，宏_R 用于求倒数，宏_P2 用于求平方数：

```
#define ULL unsigned long long
#define _R(z) ( 1.0f / (z) )
#define _P2(z) ( (z) * (z) )
```

让我们定义一个设备函数——方程式字符串将插入其中。当必须利用字典来替换文本时，我们可以使用 math_function 的值。这里还有一个称为 p 的值，用于表示精度（可以是 float 或 double）。我们将这个设备函数命名为 f。同时，在函数的声明中使用了关键词 inline，这样做的好处是可以节约一些时间，并避免在内核函数中调用它时出现分化现象：

```
__device__ inline %(p)s f(%(p)s x)
{
    %(p)s y;
    %(math_function)s;
    return y;
}
```

现在，让我们考察一下上述代码的运行机制——首先，声明一个名为 y 的单精度或双精度浮点数，并调用 math_function，然后返回 y。实际上，对于 math_function 来说，只有当它是用于处理输入参数 x 并将某个值赋给 y 的代码时才有意义，例如 y=sin(x)。在阅读后文时，请大家牢记这一点。

接下来，我们开始编写实现蒙特卡罗积分的内核函数。注意，定义该函数时必须使用 extern "C"关键字——只有这样，CUDA 内核函数才能对纯 C 代码可见。下面我们开始定义内核函数。

首先，我们需要用 iters 指出内核函数中的每个线程应该抽取多少随机值，然后用 lo 指出积分的下界（*b*），用 hi 指出积分的上界（*a*），并传入一个数组 ys_out，以存储每个线程的部分积分。（稍后，我们将对 ys_out 求和，从而在主机端得到该函数在区间[lo,hi]上的完整定积分。）请注意这里是如何通过 p 来表示精度的：

```
extern "C" {
__global__ void monte_carlo(int iters, %(p)s lo, %(p)s hi, %(p)s * ys_out)
{
```

我们还需要创建一个 curandState 对象，以便生成随机值。我们还需要确定全局线程 ID 和线程总数。同时，我们使用的是一元数学函数，因此对于线程块和网格的参数来说，只设置一个维度的参数（即 x）就可以了：

```
curandState cr_state;
int tid = blockIdx.x * blockDim.x + threadIdx.x;
int num_threads = blockDim.x * gridDim.x;
```

现在，我们将区间[lo,hi]分成许多子区间，然后使用一个线程计算函数在一个子区间内的面积。至于分成多少个子区间，我们可以通过将区间长度（即 hi-lo）除以线程总数来确定：

```
%(p)s t_width = (hi - lo) / ( %(p)s ) num_threads;
```

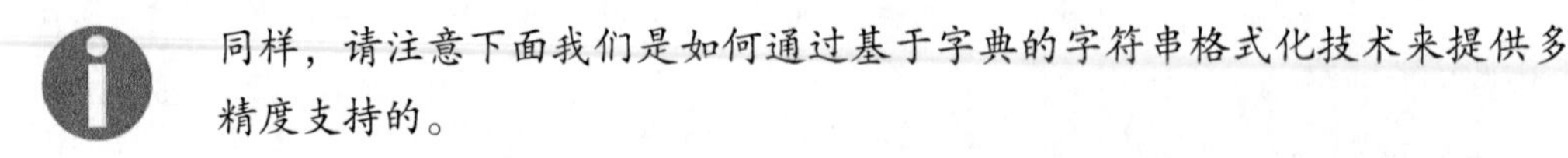

同样，请注意下面我们是如何通过基于字典的字符串格式化技术来提供多精度支持的。

回想一下，前文曾经接收了一个名为 iters 的参数，它表示每个线程的随机值采样次数。我们还需要知道样本的概率密度是多少，即单位距离的平均样本数。下面我们来计算这个值，注意，请务必将整数 iters 转换为浮点数：

```
%(p)s density = ( ( %(p)s ) iters ) / t_width;
```

如前所述，我们将根据线程数来均分积分区间。这意味着每个线程都有自己的区间，换句话说，每个线程有自己的起点和终点。每个线程分配的区间长度都是相等的，所以我们这样计算：

```
%(p)s t_lo = t_width*tid + lo;
%(p)s t_hi = t_lo + t_width;
```

接下来，我们开始初始化 cuRAND（这里跟前文介绍的方法一样），以确保每个线程都根据自己的种子来生成相应的随机值：

```
curand_init( (ULL) clock() + (ULL) tid, (ULL) 0, (ULL) 0, &cr_state);
```

在进行采样之前，我们还需要创建一些额外的浮点数变量。其中，变量 y 用于存放区间[t_lo,t_hi]内的积分估计的最终值；变量 y_sum 用于保存所有采样值的和；变量 rand_val 用于保存生成的原始随机值；变量 x 用于存放采样区间内经过缩放后的随机值：

```
%(p)s y, y_sum = 0.0f;
%(p)s rand_val, x;
```

现在，让我们为函数添加一个循环语句，以便这些值添加到 y_sum 中。其中，请注意 curand_uniform 后面的%(p_curand)s——这个函数的单精度浮点数版本的名称是 curand_uniform，而双精度浮点数版本的名称是 curand_uniform_double。也就是说，在使用时必须将%(p_curand)s 替换为_double 或空字符串，届时视所需的精度级别而定。另外，请注意这里是如何通过缩放 rand_val 使 x 介于 t_lo～t_hi 的，同时，别忘了 cuRAND 库中的随机均匀分布只能生成 0～1 的数值：

```
for (int i=0; i < iters; i++)
{
    rand_val = curand_uniform%(p_curand)s(&cr_state);
    x = t_lo + t_width * rand_val;
    y_sum += f(x);
}
```

接下来，我们通过将 y_sum 除以密度来计算 t_lo～t_hi 的子面积：

```
y = y_sum / density;
```

现在，我们将这个值输出到数组中，然后用一个右花括号结束 CUDA 内核函数，接着，用另一个右花括号结束 extern "C"。至此，CUDA C 代码已经告一段落了，所以这里需要用三重引号收尾：

```
ys_out[tid] = y;
} }
'''
```

接下来，我们要做一点不同的事情——构建一个类，用于处理定积分。我们将这个类命名为 MonteCarloIntegrator。当然，我们将从编写构造函数开始，即 __init__ 函数。首先，我们将对象引用 self 定义为其输入参数；然后，将参数 math_function 的默认值设为'y = sin(x)'，将默认精度设为'd'，即双精度浮点数；同时，将参数 lo 的默认值设为 0，将参数 hi 的默认值设为 π 的 NumPy 近似值；最后，将表示每个线程的随机样本数的参数 samples_per_thread 默认值设为 10**5，将表示运行内核函数的网格大小的参数 num_blocks 的默认值设为 100。

在这个函数中，我们要做的第一件事情就是，将文本字符串 math_function 存放到 self 对象中，以供将来之用：

```
def __init__(self, math_function='y = sin(x)', precision='d', lo=0,
hi=np.pi, samples_per_thread=10**5, num_blocks=100):
        self.math_function = math_function
```

现在，我们开始创建与浮点数的精度选择相关的值，稍后将用到这些值，特别是在设置字符串格式化的字典时。我们还需要在对象内部存储 lo 和 hi 的值。当用户输入值的数据类型无效或者 hi 的值小于 lo 时，我们必须让程序抛出异常：

```
    if precision in [None, 's', 'S', 'single', np.float32]:
        self.precision = 'float'
        self.numpy_precision = np.float32
        self.p_curand = ''
    elif precision in ['d','D', 'double', np.float64]:
        self.precision = 'double'
        self.numpy_precision = np.float64
        self.p_curand = '_double'
    else:
        raise Exception('precision is invalid datatype!')

if (hi - lo <= 0):
    raise Exception('hi - lo <= 0!')
else:
    self.hi = hi
    self.lo = lo
```

接下来，我们着手创建代码模板字典：

```
MonteCarloDict = {'p' : self.precision, 'p_curand' : self.p_curand,'math_function' : self.math_function}
```

这样，我们就可以使用基于字典的字符串格式化技术来生成最终代码并进行编译了。同时，我们还可以通过在 SourceModule 中设置 options=['-w']来关闭来自 NVCC 编译器的警告信息：

```
self.MonteCarloCode = MonteCarloKernelTemplate % MonteCarloDict

self.ker = SourceModule(no_extern_c=True , options=['-w'],source=self.MonteCarloCode)
```

我们通过 get_function 在对象中调用编译好的内核函数，先将其余两个参数保存到对象中：

```
self.f = self.ker.get_function('monte_carlo')
self.num_blocks = num_blocks
self.samples_per_thread = samples_per_thread
```

现在，虽然在计算不同数学函数或浮点数精度的定积分时，需要使用不同的 MonteCarloIntegrator 对象实例。另外，对于相同的函数，有时也需要改变积分区间的边界（即 lo 和 hi 的值）、改变线程数/网格大小，或者改变每个线程的采样次数。值得庆幸的是，这些修改都很容易，而且都可以在运行时进行。

接下来，我们构建一个特定的函数来计算给定对象的积分，并将参数的默认值设置为在调用构造函数时存储的参数值：

```
def definite_integral(self, lo=None, hi=None, samples_per_thread=None,num_blocks=None):
    if lo is None or hi is None:
        lo = self.lo
        hi = self.hi
    if samples_per_thread is None:
        samples_per_thread = self.samples_per_thread
    if num_blocks is None:
        num_blocks = self.num_blocks
        grid = (num_blocks,1,1)
    else:
        grid = (num_blocks,1,1)

    block = (32,1,1)
    num_threads = 32*num_blocks
```

接下来，我们将设置一个空数组，用于存储各个线程求出的子面积，并启动相应内核函数。然后，我们需要对子面积进行求和，以获得完整的面积值，并将其返回：

```
self.ys = gpuarray.empty((num_threads,) , dtype=self.numpy_precision)

self.f(np.int32(samples_per_thread), self.numpy_precision(lo),
self.numpy_precision(hi), self.ys, block=block, grid=grid)

self.nintegral = np.sum(self.ys.get() )

return np.sum(self.nintegral)
```

现在，我们可以运行该示例程序了。这里，我们可以使用默认值来创建一个类——这种情况下，将计算数学函数 $y=\sin(x)$在区间$[0, \pi]$上的定积分。根据微积分的相关知识，我们知道 $\sin(x)$函数的反导数是$-\cos(x)$，所以，我们可以通过下面的公式来求定积分：

$$\int_0^\pi \sin(x)\mathrm{d}x = [-\cos(x)]\Big|_0^\pi = -\cos(\pi)+\cos(0)=2$$

因此，我们应该得到一个接近于 2 的数值，如图 8-4 所示。

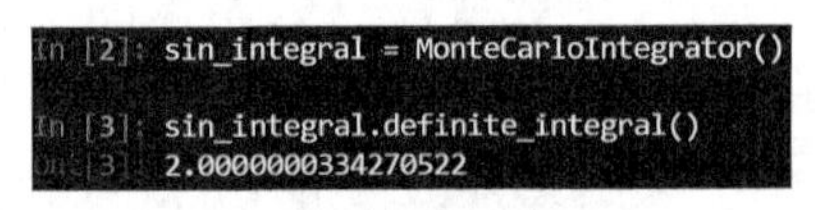

图 8-4

8.3.3 编写测试用例

现在，我们开始讲解如何使用 CUDA Math API，通过 `math_function` 参数为类编写相应的测试用例。如果你用过 C/C++标准数学库，会有一种“似曾相识燕归来”的感觉。测试用例中的函数也是重载函数，所以，在单精度和双精度之间切换时，函数名称根本不用变。

在前文的例子中，我们曾经求过函数 $y = \sin(x)$的定积分，下面来求另一个更加复杂的函数的定积分，该函数的表达式如下所示：

$$y=\log(x)\sin^2(x)$$

我们的任务是，通过蒙特卡罗积分法求这个函数在区间[11.733, 18.472]上的定积分，并与利用其他软件计算的积分值进行比较，以查看计算结果是否正确。就本例来说，我们用 Mathematica 软件计算得到的定积分的值为 8.9999，所以将以这个值为基准来检查代码的计算结果。

现在，让我们想一下如何表示这个表达式：在上面的表达式中，log 指的是以 e 为底的对数函数（也称为 ln），所以我们可以用 Math API 库中的 `log(x)` 函数来表示它。此外，我们曾经定义了一个表示平方运算的宏，所以可以将 $\sin^2(x)$表示为`_p2(sin(x))`。因此，我们可以将上面的表达式表示为 `y=log(x)*_p2(sin(x))`。

接下来，让我们求下面的函数在区间[0.9, 4]上的定积分：

$$y=\frac{1}{1+\sinh(2x)\log^2(x)}$$

注意，下面的`_R`是一个用于求倒数的宏，因此我们可以使用 Math API 库中的函数将上面的函数表示为：

```
'y = _R( 1 + sinh(2*x)*_P2(log(x)) )'
```

对于上面的函数，Mathematica 软件给出的定积分的值是 0.584977。

实际上，对于这个函数的数学表达式来说，我们可以将其变换为下列形式：

$$y=\frac{\cosh(x)\sin(x)}{\sqrt{x^3+\sin^2(x)}}$$

相应地，代码将变成 `'y = (cosh(x)*sin(x))/ sqrt( pow(x,3) +_P2(sin(x)))'`;。其中，`sqrt` 函数用于计算平方根，而 `pow` 函数可以计算给定值的任意次幂。当然，这里的 `sin(x)` 函数就是数学中的 $\sin(x)$函数，`cosh(x)` 函数也就是数学中的 $\cosh(x)$函数。这里，我们将求该数学函数在区间[1.85, 4.81]上的定积分。借助于 Mathematica 软件，我们求出函数在该区间上的定积分为−3.34553。

现在，我们需要准备一些测试用例，以检验计算蒙特卡罗积分的代码是否正确！为此，我们需要遍历一个列表，其第一个值是表示函数的字符串（这里将使用 Math API），第二个值表示积分的下限，第三个值表示积分的上限，最后一个值表示用 Mathematica 计算得到的期望值：

```
if __name__ == '__main__':

    integral_tests = [('y =log(x)*_P2(sin(x))', 11.733 , 18.472, 8.9999),('y = _R( 1
 + sinh(2*x)*_P2(log(x)) )', .9, 4, .584977), ('y =(cosh(x)*sin(x))/ sqrt( pow(x,3) + _P2
(sin(x)))', 1.85, 4.81, -3.34553) ]
```

我们现在可以遍历这个列表，看看算法与 Mathematica 软件给出的结果是否一致：

```
for f, lo, hi, expected in integral_tests:
    mci = MonteCarloIntegrator(math_function=f, precision='d', lo=lo,hi=hi)
    print 'The Monte Carlo numerical integration of the function\n \t f: x-> %s \n \
```

```
t from x = %s to x = %s is : %s ' % (f, lo, hi,mci.definite_integral())
        print 'where the expected value is : %s\n' % expected
```

运行结果如图 8-5 所示。

```
In [2]: run monte_carlo_integrator.py
The Monte Carlo numerical integration of the function
        f: x -> y =log(x)*_P2(sin(x))
        from x = 11.733 to x = 18.472 is : 8.9999892677
where the expected value is : 8.9999

The Monte Carlo numerical integration of the function
        f: x -> y = _R( 1 + sinh(2*x)*_P2(log(x)) )
        from x = 0.9 to x = 4 is : 0.584976671612
where the expected value is : 0.584977

The Monte Carlo numerical integration of the function
        f: x -> y = (cosh(x)*sin(x))/ sqrt( pow(x,3) + _P2(sin(x)))
        from x = 1.85 to x = 4.81 is : -3.34553137474
where the expected value is : -3.34553
```

图 8-5

实际上，本示例的完整代码可以从配套资源的 `monte_carlo_integrator.py` 文件中找到。

8.4　CUDA Thrust 库

下面我们开始学习 CUDA Thrust 库。实际上，这个库可提供高级向量容器，其功能跟 C++语言中的向量容器非常相似。那么，我们为什么会选择它呢？这是因为使用这个库之后，在进行 CUDA C 语言编程时，可以极大地减少对指针、`mallocs` 和 `free` 函数的依赖。像 C++向量容器一样，Thrust 的向量容器自动处理其长度的变化以及元素连接，此外，它也具有类似 C++析构函数的魔力。也就是说，当 Thrust 的向量容器对象超出作用域时，这个库会自动**释放**相关的资源。

Thrust 库实际上提供了两个向量容器：一个用于主机端，另一个用于设备端。主机端的 Thrust 向量容器与 STL 向量容器大致相同，主要区别在于前者更易于与 GPU 交互。接下来，我们将通过具体的 CUDA C 代码来介绍这个库的使用方法。

首先，我们需要通过 `include` 语句来包含主机端和设备端向量容器所需的头文件，同时，我们还需要包含 C++ `iostream` 库，以便在终端上执行基本的 I/O 操作：

```
#include <thrust/host_vector.h>
#include <thrust/device_vector.h>
#include <iostream>
```

我们将使用标准 C++命名空间（这样的话，我们就不必在检查输出时输入 std::resolution 运算符了）：

```
using namespace std;
```

现在，我们开始编写主机端的主函数，并创建一个空的 Thrust 向量容器。同样，这些都是 C++模板，因此我们必须在声明时用<>选择数据类型。下面我们来创建一个整型数组：

```
int main(void)
{
 thrust::host_vector<int> v;
```

然后使用 push_back 函数将一些整数附加到数组 v 的末尾，实际上这跟使用 STL 向量容器的方式没什么区别：

```
v.push_back(1);
v.push_back(2);
v.push_back(3);
v.push_back(4);
```

我们现在将遍历向量中的所有值，并将其输出：

这里的输出应为 v[0]==1～v[3]==4。

```
for (int i = 0; i < v.size(); i++)
    cout << "v[" << i << "] == " << v[i] << endl;
```

到目前为止，一切似乎非常简单。接下来，让我们在 GPU 上创建一个 Thrust 向量，并从数组 v 中复制相应的数值：

```
thrust::device_vector<int> v_gpu = v;
```

是的，就这么简单——只需一行代码就搞定了。这样，主机端数组 v 中的所有内容将被复制到设备端的向量 v_gpu 中！（如果你觉得这不足为奇的话，请比较第 6 章的相关内容，看看完成相同的操作，我们在那里使用了多少行代码。）

接下来，让我们尝试在新建的 GPU 向量上使用 push_back 函数，看看是否可以将另一个值添加到其尾部：

```
v_gpu.push_back(5);
```

我们现在来查看一下向量 v_gpu 的内容，具体如下所示：

```
for (int i = 0; i < v_gpu.size(); i++)
    std::cout << "v_gpu[" << i << "] == " << v_gpu[i] << std::endl;
```

这里应输出 v_gpu[0] == 1～v_gpu[4] == 5。

得益于这些对象的析构函数，我们根本无须关注内存的释放工作，因为这些工作都由 Thrust 库代劳了。接下来，我们可以让程序退出运行了：

```
    return 0;
}
```

在 Thrust 中使用仿函数

让我们看看如何在 Thrust 中应用**仿函数**的概念。在 C++语言中，**仿函数**实际上就是类或结构对象，但是其外观和行为都像一个函数。这样的话，我们就可以使用一些用法与函数类似的代码，还可以在仿函数中保存一些参数，免得每次使用时都需要进行设置。

下面我们开始编写一个新的 Thrust 程序。首先，让我们使用 include 语句包含相应的头文件，并使用标准命名空间：

```
#include <thrust/host_vector.h>
#include <thrust/device_vector.h>
#include <iostream>
using namespace std;
```

然后，创建一个简单的仿函数。这里，我们将使用 struct 而非 class 来实现仿函数。这个仿函数的功能是实现加权的乘法运算，这里将权重存储在一个名为 w 的浮点型变量中。我们还将创建一个构造函数，将权重的默认值设为 1，代码如下所示：

```
struct multiply_functor {
 float w;
 multiply_functor(float _w = 1) : w(_w) {}
```

现在，我们将使用 operator 关键字创建仿函数。编译器看到这个关键字之后，将会将其后面的代码块视为这种类型的对象的默认函数。注意，该函数将作为一个设备函数在 GPU 上运行，所以我们必须在函数名最前面加上__device__，还需要用圆括号表示函数的输入，并用花括号规定函数的输出，即将原来的积再乘一个缩放系数。完成上述工作后，我们可以使用};来结束该函数的定义了：

```
    __device__ float operator() (const float & x, const float & y) {
        return w * x * y;
    }
};
```

现在，让我们用伪函数来实现一个点积函数。我们知道，求两个数组的点积时，首先需要进行逐元素相乘，然后进行规约类型的求和。下面让我们首先声明函数，并创建一个新向量 z，用于保存逐元素相乘后得到的值：

```
float dot_product(thrust::device_vector<float> &v,
thrust::device_vector<float> &w ), thrust::device_vector<float> &z)
{
 thrust::device_vector<float> z(v.size());
```

接下来，我们将使用 Thrust 库的 transform 操作，该操作将应用于输入向量 v 和 w 的各个元素上面，并将处理结果输出到向量 z 中。请注意这里是如何将仿函数输入 transform 操作的最后一个槽中的。当我们直接使用两个圆括号时，该仿函数将使用构造函数的默认值（w=1），这样实际上执行的是普通的点积运算，相当于没有乘缩放系数：

```
thrust::transform(v.begin(), v.end(), w.begin(), z.begin(),multiply_functor());
```

接下来，我们将利用 Thrust 库的 reduce 函数对 z 求和，并返回相应的值：

```
return thrust::reduce(z.begin(), z.end());
}
```

好了，任务完成了，操作就是这么简单。现在，让我们编写一些测试代码——简单起见，我们可以求向量(1,2,3)和(1,1,1)的点积，这样的话易于检查结果（正确结果为 6）。

下面我们用 push_back 来创建第一个向量 v：

```
int main(void)
{
    thrust::device_vector<float> v;
    v.push_back(1.0f);
    v.push_back(2.0f);
    v.push_back(3.0f);
```

然后，我们声明一个长度为 3 的向量 w，并通过 Thrust 库的 fill 函数将其默认值设置为 1，代码如下所示：

```
thrust::device_vector<float> w(3);
thrust::fill(w.begin(), w.end(), 1.0f);
```

让我们将向量的值输出到 cout 设备，看看这些值的设置是否正确：

```
for (int i = 0; i < v.size(); i++)
 cout << "v[" << i << "] == " << v[i] << endl;

for (int i = 0; i < w.size(); i++)
 cout << "w[" << i << "] == " << w[i] << endl;
```

现在，我们来检查点积的运算结果，并让程序返回结果：

```
cout << "dot_product(v , w) == " << dot_product(v,w) << endl;
return 0;
}
```

最后，编译（具体命令为 `nvcc thrust_dot_product.cu-o thrust_dot_product`）代码，并运行该示例程序，如图 8-6 所示。

```
PS C:\Users\btuom\examples\8> .\thrust_dot_product.exe
v[0] == 1
v[1] == 2
v[2] == 3
w[0] == 1
w[1] == 1
w[2] == 1
dot_product(v , w) == 6
```

图 8-6

本示例的完整代码也可以从配套资源的 `thrust_dot_product.cu` 文件中找到。

8.5　小结

在本章中，我们研究了如何通过选择适当的种子值来初始化 cuRAND 中的随机数。计算机是具有确定性的设备，它们只能生成伪随机数列表，因此我们所用的种子值必须是真正随机的。通常情况下，如果以线程 ID 加上以毫秒为单位的时钟时间作为种子值的话，就能满足大多数用途所需的随机性了。

然后，我们介绍了如何利用 cuRAND 库的均匀分布函数计算圆周率，又创建了一个能够计算任意函数定积分的 Python 类。在此过程中，我们演示了如何使用某些元编程思想，并结合 CUDA Math API 来定义任意函数。最后，我们对 CUDA Thrust 库进行了简单的介绍，该库通常用于在 Python 代码外部编写纯 CUDA C 程序。最值得注意的是，Thrust 库提供了一个类似于标准 C++中的 `vector` 的 `device_vector` 容器。使用该向量容器时，我们根本无须担心 CUDA C 与指针相关的问题。

我们还通过一个示例展示了如何将 Thrust 与用于 `point-wise` 操作和 `reduce` 操作的仿函数结合起来以实现一个简单的点积函数。

8.6 习题

1. 请尝试通过 CUDA `instrinsic` 函数重写蒙特卡罗积分代码（相应代码位于 `monte_carlo_integrator.py` 文件内的 `__main__` 函数中），看看精确度会有何变化？
2. 对于本章内的所有 cuRAND 示例，我们仅使用了均匀分布函数。你能说出正态随机分布函数在 GPU 编程中的一种用途或应用吗？
3. 如果用两个不同的种子来生成一个由 100 个伪随机数组成的列表，是否应该把这些数字串成一个由 200 个数字构成的列表？
4. 对于在 Thrust 中使用仿函数示例，请尝试修改 `multiply_functor` 结构体中的 `operator()` 函数的定义，即在 `__device__` 之前添加 `__host__`，然后看看是否可以使用这个仿函数直接实现一个主机端的点积函数，而不需要做任何进一步的修改。
5. 请阅读 Thrust 库的 `examples` 目录中的 `strided_range.cu` 文件，想想如何才能通过 Thrust 库实现通用的矩阵-矩阵乘法？
6. 定义仿函数时，`operator` 函数的重要性体现在哪里？

第 9 章　实现深度神经网络

在本章中，我们将详细介绍如何利用前文介绍的 GPU 编程知识，通过 PyCUDA 库实现自己的深度神经网络（Deep Neural Network，DNN）。DNN 为机器学习（Machine Learning，ML）提供了一种强大而优雅的模型，引起了各界的广泛关注。

实际上，DNN 也是第一批通过利用 GPU 大规模并行处理能力来挖掘 GPU 真正威力的应用程序（除图形渲染应用外）之一，并最终帮助 NVIDIA 公司在人工智能领域迅速崛起。

前面各章都是围绕一个特定的主题展开的，但在本章中，为了实现自己的 DNN，我们必须综合利用前面所学的各种知识。虽然目前有许多基于 GPU 的开源框架可帮助我们轻松实现 DNN——例如，谷歌公司的 TensorFlow 和 Keras 框架、微软公司的 CNTK 框架，以及 Facebook 公司的 Caffe2 和 PyTorch 框架等，但是从零开始实现一个 DNN 是非常具有启发性的，能够使我们对 DNN 所需的底层技术有更深入的了解和认识。本章中需要学习的内容较多，所以在简要介绍一些基本概念之后，我们将直奔主题。

在本章中，我们将介绍下列主题：

- 什么是**人工神经元**（Artificial Neuron，AN）；
- 可以通过**深度神经网络**（DNN）将多少个 AN 组合在一起；
- 利用 CUDA 和 Python 从头实现 DNN；
- 如何使用交叉熵损失函数来评估神经网络的输出；
- 利用梯度下降法训练神经网络；
- 如何在小数据集上训练和测试神经网络。

9.1　技术要求

本章需要用到配备了 NVIDIA GPU（2016 年以后的版本）的 Linux 或 Windows 10

计算机，需要安装好所有必需的 GPU 驱动程序和 CUDA Toolkit（9.0 以上的版本）软件，还需要安装好含有 PyCUDA 模块的 Python 2.7 软件（例如 Anaconda Python 2.7）。

9.2 人工神经元与神经网络

首先，让我们简要回顾一下**机器学习**和**神经网络**的基础知识。在进行机器学习时，我们的目标就是，收集一组带有特定类别或特征的数据集合，并使用现有的这些样本来训练我们的系统，使其能够预测未来数据的值。对于这些利用既有训练数据来预测未来数据的类别或特征的程序或函数，就是通常所说的**分类器**。

目前，人们已经发明了许多不同类型的分类器，但这里我们将重点讨论神经网络。实际上，神经网络背后的理念是，使其以类似于人脑的方式进行工作（据称如此）。因为神经网络是利用一组**人工神经元**来学习和分类数据的，并且这些 AN 是相互连接在一起的，并具有特定的结构。在介绍复杂的神经网络之前，我们不妨先来认识一下 AN。从数学上来说，AN 就是从线性空间 $\mathbb{R}^n$ 到 $\mathbb{R}$ 的**仿射**函数，表达式如下所示：

$$AN(\vec{\boldsymbol{x}}) = \vec{\boldsymbol{w}} \bullet \vec{\boldsymbol{x}} + b\ \vec{\boldsymbol{x}}, \vec{\boldsymbol{w}} \in \mathbb{R}^n, b \in \mathbb{R}$$

我们可以看出，这可以表征为一个具有恒定权重的向量 $\boldsymbol{w}$ 与一个输入向量 $\boldsymbol{x}$ 之间的点积，加上一个额外的偏置常数 b。（同样，这个函数**输入**的唯一变量就是 $\boldsymbol{x}$，其他值都是常量！）

就目前来看，单独一个 AN 是没有多大用处的（而且非常乏味），因为它们的智能只有在与大量其他 AN 合作时才会涌现出来。所以，我们首先将 m 个相似 AN 作为一层，层层堆叠，从而得到所谓的**密集层**（Dense Layer，DL）。为什么说它是“密集”的呢？因为每个神经元都要处理来自向量 $\boldsymbol{x}$ 的每个元素，并将其作为输入值——每个 AN 都需要接收一个来自 $\mathbb{R}^n$ 空间的矩阵或向量的值，并以输出单个实数值。因为每层有 m 个神经元，这意味着它们的输出集中在空间 $\mathbb{R}^m$ 中。不难发现，如果我们将层中每个神经元的权重堆叠起来，就会形成一个 $m \times n$ 权重矩阵，这样就可以通过矩阵乘法计算每个神经元的输出，然后再加上相应的偏置即可：

$$DL(\vec{\boldsymbol{x}}) = \boldsymbol{W}\ \vec{\boldsymbol{x}} + \vec{\boldsymbol{b}}\ \vec{\boldsymbol{x}} \in \mathbb{R}^n, \boldsymbol{W} = \begin{bmatrix} \overrightarrow{w_0}^{\mathrm{T}} \\ \vdots \\ \overrightarrow{w_{m-1}}^{\mathrm{T}} \end{bmatrix} \in \mathbb{R}^{m \times n}, \vec{\boldsymbol{b}} = \begin{bmatrix} b_0 \\ \vdots \\ b_{m-1} \end{bmatrix} \in \mathbb{R}^m$$

现在，假设我们要构建一个神经网络分类器，使其能够区分 k 种不同的类别。为此，我们可以再新建一个密集层，使其从先前的密集层中接收 m 个值，并输出 k 个值。如果我们为每一层都提供合适的权重和偏置值（这肯定不是容易找到的），并且在每一层之后构建了适当的**激活函数**（其定义见后文），就得到了一个分类器，将给定的样本映射到 k 种类别中的某一个，并根据最后一层的输出给出 $\boldsymbol{x}$ 归属于每一个相应类的概率。当然，事情比我们这里说的要复杂得多，这里只是简单介绍神经网络的工作机制。

现在，我们似乎可以继续添加密集层，并层层相连，这就是所谓的 DNN。我们将不跟输入或输出直接相连的层（统称为隐藏层）。DNN 有更多的 AN 层，所以能够捕捉到浅层神经网络无法企及的数据抽象和细微之处。

实现一个密集层

现在，让我们实现神经网络中重要的构建块，即**密集层**。首先，让我们从声明一个 CUDA 内核函数开始，具体如下所示：

```
__global__ void dense_eval(int num_outputs, int num_inputs, int relu, int
sigmoid, float * w, float * b, float * x, float *y, int batch_size, int
w_t, int b_t, float delta)
```

让我们对函数的输入参数进行逐一介绍。参数 `num_outputs` 表示该层的输出总数，它正好对应于该层中 AN 的数量。参数 `num_inputs` 表示有多少个输入数据。对于参数 `relu` 和 `sigmoid` 来说，如果将其设正值，则将在这一层的输出上施加相应的激活函数（关于激活函数的相关知识，我们将在后文进行介绍）。参数 `w` 和 `b` 分别是保存该层的权重和偏置的数组，而参数 `x` 和 `y` 表示输入和输出。通常情况下，我们希望同时对多个数据进行分类。那么，每次希望对多少个数据进行分类，可以通过参数 `batch_size` 进行规定。`w_t`、`b_t` 和 `delta` 这 3 个参数是在训练神经网络的过程中使用的，即通过梯度下降法来确定该层的权重和偏置。（关于梯度下降法的知识，我们将在后文详细解释。）

现在，让我们开始编写内核函数。注意，这里使用并行方式计算输出，因此我们将定义一个整型变量 `i`，将其作为全局线程 ID。这样的话，通过一个适当的 `if` 语句，就能够在创建运行该内核函数所需的线程后，不再新建线程：

```
{
 int i = blockDim.x*blockIdx.x + threadIdx.x;

 if (i < num_outputs)
 {
```

现在，让我们用 `for` 循环来遍历该批次（batch）中的各个数据点：

```
for(int k=0; k < batch_size; k++)
 {
```

我们将权重和输入中的单精度浮点数相乘并累加，放入一个双精度浮点型变量 temp 中，并加上相应的偏置，然后将前面的计算结果重新转换为单精度浮点数，并将该值放入输出，到这里，基于 k 值的本轮循环就结束了：

```
double temp = 0.0f;
 for (int j = 0; j < num_inputs; j++)
 {
  temp += ((double) w[(num_inputs)*i + j ] ) * ( (double) x[k*num_inputs +j]);
 }
 temp += (double) b[i];
 y[k * num_outputs + i] = (float) temp;
}
```

实际上，这种**先乘后累加**的处理方式通常会导致数值精度大幅下降。为此，我们可以在运算过程中使用更高精度的临时变量来存储相关数值，然后，在运算完成后，再将其转换为原始精度，这样就能大大减小精度损失。

为了训练一个神经网络，通常需要计算神经网络对于每层内的各个权重和偏置的导数，并且通常需要针对每个批次的输入进行计算。我们知道，数学函数 f 在 x 值处的导数为 $[f(x + \delta) - f(x)] / \delta$，其中 δ 是一个足够小的正值。我们将使用输入参数 w_t 和 b_t 通知内核函数是否要计算关于特定权重或偏置的导数，如可以将参数 w_t 和 b_t 设置为负值，表示只计算该层对所有权重和偏置的导数。我们还需要将 delta 设置为一个适当小的值，以便用于计算导数，并通过该值使偏置或权重的值以适当的速度递增：

```
if( w_t >= 0 && i == (w_t / num_inputs))
 {
 int j = w_t % num_inputs;
 for(int k=0; k < batch_size; k++)
  y[k*num_outputs + i] += delta*x[k*num_inputs+j];
}
if( b_t >= 0 && i == b_t )
 {
  for(int k=0; k < batch_size; k++)
  y[k*num_outputs + i] += delta;
 }
```

现在，我们开始编写关于**修正线性单元**（也称为 ReLU）和 **sigmoid 激活函数**的代码。这些激活函数用于处理密集神经层的直接输出。对于 ReLU 激活函数来说，当输入为负值时该函数的输出为 0，当输入为正值时其输出与输入相等；对于 sigmoid 激活函数来说，其输出值的计算公式为 $1/(1+e^{-x})$。ReLU 及其他激活函数，通常用于神经网络的隐藏层，用于对整个神经网络进行非线性变换。如果不使用这些激活函数，整个神经网络充其量只是一个普通且计算效率低的矩阵运算。(虽然神经网络的隐藏层也可以使用其他类型的非线性激活函数，但实践证明，对于网络的训练而言，ReLU 是一个非常高效的激活函数。) 与 ReLU 激活函数不同，sigmoid 激活函数通常用于神经网络的最后一层，该层通常用于为给定输入**贴上多个标签**，而非将一个输入划分为某个类别。

在定义 CUDA 内核函数之前，我们需要先定义一些完成某些操作的 C 宏。注意，要将其放入相应的 CUDA C 代码中：

```
DenseEvalCode = '''
#define _RELU(x) ( ((x) > 0.0f) ? (x) : 0.0f )
#define _SIGMOID(x) ( 1.0f / (1.0f + expf(-(x)) ))
```

现在，我们将使用内核函数的输入参数 relu 和 sigmoid 来指出是否应该使用这些额外的层。如果相应的值为正数，则表示需要使用相应的层。添加好相应的代码后，结束内核函数，并将其编译成一个可用的 Python 函数：

```
if(relu > 0 || sigmoid > 0)
for(int k=0; k < batch_size; k++)
 {
   float temp = y[k * num_outputs + i];
   if (relu > 0)
    temp = _RELU(temp);
   if (sigmoid > 0)
    temp = _SIGMOID(temp);
   y[k * num_outputs + i] = temp;
  }
 }
 return;
}
'''
eval_mod = SourceModule(DenseEvalCode)
eval_ker = eval_mod.get_function('dense_eval')
```

现在，让我们转到文件的开头位置，并导入相应的依赖模块。注意，这里将包含 csv 模块，用于处理相应的训练和测试数据：

```
from __future__ import division
import pycuda.autoinit
import pycuda.driver as drv
```

```
from pycuda import gpuarray
from pycuda.compiler import SourceModule
from pycuda.elementwise import ElementwiseKernel
import numpy as np
from Queue import Queue
import csv
import time
```

接下来，让我们继续搭建密集层。为了便于使用，我们希望将其封装到一个 Python 类中，以便将这些密集层连接成一个完整的神经网络。这里将这个类命名为 DenseLayer。创建这个类时，首先需要为其编写一个构造函数。当然，我们已经非常熟悉这里的大部分输入和设置：需要添加一个选项来通过预先训练的神经网络加载权重和偏置，还需要通过一个选项来指定默认的 δ 值以及默认的 CUDA 流。（这样的话，当没有设置权重或偏置时，权重被初始化为随机值，而所有偏置被设置为 0。）我们还需要指定是使用 ReLU 层还是使用 sigmoid 层。最后，请注意我们是如何设置线程块和网格大小的：

```
class DenseLayer:
    def __init__(self, num_inputs=None, num_outputs=None, weights=None,
b=None, stream=None, relu=False, sigmoid=False, delta=None):
        self.stream = stream

        if delta is None:
            self.delta = np.float32(0.001)
        else:
            self.delta = np.float32(delta)

        if weights is None:
            weights = np.random.rand(num_outputs, num_inputs) - .5
            self.num_inputs = np.int32(num_inputs)
        self.num_outputs = np.int32(num_outputs)

        if type(weights) != pycuda.gpuarray.GPUArray:
            self.weights = gpuarray.to_gpu_async(np.array(weights,dtype=np.float32) ,
stream = self.stream)
        else:
            self.weights = weights

        if num_inputs is None or num_outputs is None:
            self.num_inputs = np.int32(self.weights.shape[1])
            self.num_outputs = np.int32(self.weights.shape[0])

        else:
            self.num_inputs = np.int32(num_inputs)
```

```
            self.num_outputs = np.int32(num_outputs)

        if b is None:
            b = gpuarray.zeros((self.num_outputs,),dtype=np.float32)

        if type(b) != pycuda.gpuarray.GPUArray:
            self.b = gpuarray.to_gpu_async(np.array(b,dtype=np.float32) , stream =
self.stream)
        else:
            self.b = b
        self.relu = np.int32(relu)
        self.sigmoid = np.int32(sigmoid)

        self.block = (32,1,1)
        self.grid = (int(np.ceil(self.num_outputs / 32)), 1,1)
```

现在，我们将为这个类定义一个函数来处理来自相应层的输入。首先，我们将仔细检查输入（x），以确定它是否已经位于 GPU 中。如果没有的话，则通过 gpuarray 将其转移到 GPU 中。同时，我们需要让用户指定一个预分配的 gpuarray 对象，以用于输出（y），如果没有指定，则手动分配一个输出数组。我们还将检查用于训练的相关参数，包括 delta、w_t、b_t 以及 batch_size 的值。然后，我们就可以通过这内核函数来处理 x 中的输入，并将输出放入 y，最后返回 y 即可：

```
def eval_(self, x, y=None, batch_size=None, stream=None, delta=None, w_t =
None, b_t = None):

if stream is None:
    stream = self.stream

if type(x) != pycuda.gpuarray.GPUArray:
    x = gpuarray.to_gpu_async(np.array(x,dtype=np.float32),stream=self.stream)

if batch_size is None:
    if len(x.shape) == 2:
        batch_size = np.int32(x.shape[0])
    else:
        batch_size = np.int32(1)

if delta is None:
    delta = self.delta

delta = np.float32(delta)
```

```
    if w_t is None:
        w_t = np.int32(-1)

    if b_t is None:
        b_t = np.int32(-1)

    if y is None:
        if batch_size == 1:
            y = gpuarray.empty((self.num_outputs,), dtype=np.float32)
        else:
            y = gpuarray.empty((batch_size, self.num_outputs),
    dtype=np.float32)
        eval_ker(self.num_outputs, self.num_inputs, self.relu, self.sigmoid,
    self.weights, self.b, x, y, np.int32(batch_size), w_t, b_t, delta ,block=self.block,
grid=self.grid , stream=stream)

     return y
```

现在，我们已经将密集层实现了！

9.3 softmax 层的实现

接下来，我们开始考察如何实现 **softmax 层**。sigmoid 层用于将标签映射为类别，也就是说，如果你想使用多个具有非排他性的类别来对输入进行分类，就可以使用 sigmoid 层。一般来说，如果需要将样本映射到某个类别，都可以应用 softmax 层：先通过 softmax 层计算样本属于各个类别的概率，然后选择概率最大的类别即可（当然，所有类别的概率总和为 100%）。

现在，让我们来看看 softmax 层的计算过程——对于给定由 N 个实数（$C_0,\cdots,C_{N-1}$）组成的集合，将各个数作为 e 的指数，进行幂运算并求和（$S = \mathrm{e}^{c_0} + \cdots + \mathrm{e}^{c_{N-1}}$），然后再用这个和除每个数以 e 为底数的幂的结果：

$$(\mathrm{e}^{c_0} / S,\cdots,\mathrm{e}^{c_{N-1}} / S)$$

好了，现在我们用代码实现上述运算过程。首先，我们需要编写两个简单的 CUDA 内核函数，具体如下所示。其中，一个函数将所有输入作为 e 的指数，进行幂运算；另一个函数用于计算平均值：

```
SoftmaxExpCode='''
__global__ void softmax_exp( int num, float *x, float *y, int batch_size)
```

```
{
 int i = blockIdx.x * blockDim.x + threadIdx.x;

 if (i < num)
 {
  for (int k=0; k < batch_size; k++)
  {
   y[num*k + i] = expf(x[num*k+i]);
  }
 }
}
'''
exp_mod = SourceModule(SoftmaxExpCode)
exp_ker = exp_mod.get_function('softmax_exp')

SoftmaxMeanCode='''
__global__ void softmax_mean( int num, float *x, float *y, int batch_size)
{
 int i = blockDim.x*blockIdx.x + threadIdx.x;

 if (i < batch_size)
 {
  float temp = 0.0f;

  for(int k=0; k < num; k++)
   temp += x[i*num + k];

  for(int k=0; k < num; k++)
   y[i*num+k] = x[i*num+k] / temp;
 }

 return;
}'''

mean_mod = SourceModule(SoftmaxMeanCode)
mean_ker = mean_mod.get_function('softmax_mean')
```

现在，让我们像前文一样编写一个 Python 包装器类。首先，我们需要定义一个构造函数，这里 num 表示输入和输出的数量，当然也可以指定一个默认的 CUDA 流：

```
class SoftmaxLayer:
    def __init__(self, num=None, stream=None):
     self.num = np.int32(num)
     self.stream = stream
```

接下来，让我们开始以处理密集层的方式编写 eval_ 函数：

```
def eval_(self, x, y=None, batch_size=None, stream=None):
 if stream is None:
 stream = self.stream

 if type(x) != pycuda.gpuarray.GPUArray:
  temp = np.array(x,dtype=np.float32)
  x = gpuarray.to_gpu_async( temp , stream=stream)

 if batch_size==None:
 if len(x.shape) == 2:
  batch_size = np.int32(x.shape[0])

 else:
  batch_size = np.int32(1)
 else:
  batch_size = np.int32(batch_size)

 if y is None:
  if batch_size == 1:
   y = gpuarray.empty((self.num,), dtype=np.float32)
 else:
  y = gpuarray.empty((batch_size, self.num), dtype=np.float32)

 exp_ker(self.num, x, y, batch_size, block=(32,1,1), grid=(int( np.ceil(
self.num / 32) ), 1, 1), stream=stream)

 mean_ker(self.num, y, y, batch_size, block=(32,1,1), grid=(int( np.ceil(
batch_size / 32)), 1,1), stream=stream)

 return y
```

9.4 交叉熵损失函数的实现

现在，让我们实现所谓的交叉熵损失函数，用于衡量神经网络在训练过程中对一个小型的数据集分类的准确度。损失函数输出的值越大，说明神经网络对给定数据的正确分类的准确性越低。我们通过计算神经网络的期望输出和实际输出之间的标准的平均对数熵的差来实现该函数。为了数值稳定性，我们将输出的值的上限设为 1：

```
MAX_ENTROPY = 1

def cross_entropy(predictions=None, ground_truth=None):
```

```
 if predictions is None or ground_truth is None:
  raise Exception("Error! Both predictions and ground truth must be float32
arrays")

 p = np.array(predictions).copy()
 y = np.array(ground_truth).copy()

 if p.shape != y.shape:
  raise Exception("Error! Both predictions and ground_truth must have same
shape.")

if len(p.shape) != 2:
 raise Exception("Error! Both predictions and ground_truth must be 2D
arrays.")

 total_entropy = 0

 for i in range(p.shape[0]):
  for j in range(p.shape[1]):
   if y[i,j] == 1:
    total_entropy += min( np.abs( np.nan_to_num( np.log( p[i,j] ) ) ) ,
MAX_ENTROPY)
   else:
    total_entropy += min( np.abs( np.nan_to_num( np.log( 1 - p[i,j] ) ) ),
MAX_ENTROPY)

 return total_entropy / p.size
```

9.5　序贯网络的实现

现在，让我们实现最后一个类，以便把多个密集层和 softmax 层对象组合成单个连贯的前馈序贯神经网络。它将被实现为另一个类，并包含其他类。接下来，让我们首先编写构造函数。在这里，我们需要设置最大批次规模，以确定了需要给该网络分配多少内存。我们还定义了一个列表变量 `network_mem`，用于存储各层的权重和输入/输出。此外，我们定义了一个列表 `network`，用于存储 `DenseLayer` 和 `SoftmaxLayer` 对象，而列表变量 `network_summary` 用于存储神经网络各层的相关信息。注意，我们还可以在这里设置一些训练参数（包括 delta），用于存储梯度下降的 CUDA 流的数量以及训练周期数。

在该函数的开头部分，有一个名为 `layers` 的输入参数。实际上，我们可以通过描述每个层来刻画神经网络的构造，因此，该构造函数将遍历各层中的所有元素并调用 add_layer，代码如下所示：

```
class SequentialNetwork:
 def __init__(self, layers=None, delta=None, stream = None,
max_batch_size=32, max_streams=10, epochs = 10):

 self.network = []
 self.network_summary = []
 self.network_mem = []

 if stream is not None:
  self.stream = stream
 else:

 self.stream = drv.Stream()

if delta is None:
 delta = 0.0001

self.delta = delta
self.max_batch_size=max_batch_size
self.max_streams = max_streams
self.epochs = epochs

if layers is not None:
 for layer in layers:
  add_layer(self, layer)
```

现在，我们开始实现 add_layer 方法。在这里，我们将使用字典将该层的所有信息传递给该序贯网络——包括层的类型（如 dense、softmax 等）、输入/输出的数量以及权重和偏置等。为此，我们需要向对象的 network_summary 列表变量附加适当的对象和信息，并将 gpuarray 对象分配到 network_mem 列表中：

```
def add_layer(self, layer):
 if layer['type'] == 'dense':
  if len(self.network) == 0:
   num_inputs = layer['num_inputs']
  else:
   num_inputs = self.network_summary[-1][2]

  num_outputs = layer['num_outputs']
  sigmoid = layer['sigmoid']
```

```
    relu = layer['relu']
    weights = layer['weights']
    b = layer['bias']

    self.network.append(DenseLayer(num_inputs=num_inputs,
num_outputs=num_outputs, sigmoid=sigmoid, relu=relu, weights=weights, b=b))
    self.network_summary.append( ('dense', num_inputs, num_outputs))

    if self.max_batch_size > 1:
     if len(self.network_mem) == 0:
self.network_mem.append(gpuarray.empty((self.max_batch_size,
self.network_summary[-1][1]), dtype=np.float32))
 self.network_mem.append(gpuarray.empty((self.max_batch_size,
self.network_summary[-1][2] ), dtype=np.float32 ) )
 else:
 if len(self.network_mem) == 0:
 self.network_mem.append( gpuarray.empty( (self.network_summary[-1][1], ),

dtype=np.float32 ) )
 self.network_mem.append( gpuarray.empty((self.network_summary[-1][2], ),
dtype=np.float32 ) )

 elif layer['type'] == 'softmax':

    if len(self.network) == 0:
     raise Exception("Error! Softmax layer can't be first!")

    if self.network_summary[-1][0] != 'dense':
     raise Exception("Error! Need a dense layer before a softmax layer!")

    num = self.network_summary[-1][2]
    self.network.append(SoftmaxLayer(num=num))
    self.network_summary.append(('softmax', num, num))

    if self.max_batch_size > 1:
     self.network_mem.append(gpuarray.empty((self.max_batch_size,
self.network_summary[-1][2] ), dtype=np.float32))
    else:
     self.network_mem.append( gpuarray.empty((self.network_summary[-1][2], ),
dtype=np.float32))
```

9.5.1　推理方法的实现

现在，我们将向 SequentialNetwork 类添加两个推理方法。这些方法的作用是，预测特定输入的输出结果。所以，这里直接将第一个方法命名为 predict，并且该方法是供最终用户使用的。在训练过程中，我们将必须仅基于某些层的部分结果进行预测，这时我们需要用到另一个方法，即 partial_predict。

下面我们首先来实现 predict 函数。该函数需要两个输入：一个输入为一维或二维 NumPy 数组，用于保存样本集合；另一个输入为用户定义的 CUDA 流。接下来，让我们对样本（在这里称为 x）进行类型检查和格式化处理。注意，这里的样本是按行存储的，代码如下所示：

```
def predict(self, x, stream=None):

 if stream is None:
  stream = self.stream

 if type(x) != np.ndarray:
  temp = np.array(x, dtype = np.float32)
  x = temp

 if(x.size == self.network_mem[0].size):
  self.network_mem[0].set_async(x, stream=stream)
 else:

  if x.size > self.network_mem[0].size:
   raise Exception("Error: batch size too large for input.")

  x0 = np.zeros((self.network_mem[0].size,), dtype=np.float32)
  x0[0:x.size] = x.ravel()
  self.network_mem[0].set_async(x0.reshape( self.network_mem[0].shape),
stream=stream)

 if(len(x.shape) == 2):
  batch_size = x.shape[0]
 else:
  batch_size = 1
```

现在，让我们执行实际的推理，只需要遍历整个神经网络，并对每一层执行 eval_ 函数：

```
for i in xrange(len(self.network)):
 self.network[i].eval_(x=self.network_mem[i], y= self.network_mem[i+1],
batch_size=batch_size, stream=stream)
```

现在，我们从 GPU 中提取神经网络的最终输出结果，并将其返回给用户。实际上，如果 x 中的样本数量小于最大批次规模，我们将在返回输出数组之前对其进行适当的切片处理：

```
y = self.network_mem[-1].get_async(stream=stream)

if len(y.shape) == 2:
 y = y[0:batch_size, :]

return y
```

接下来，让我们实现 partial_predict 函数。首先，让我们简单讨论一下该函数背后的思想。训练神经网络时，我们会计算一组样本的输出结果，然后给每个权重和偏置分别加上一个非常小的增量 delta，看看会对结果产生怎样的影响。为了节省时间，对于给定的样本集，我们可以计算每一层的输出，并将这些输出存储起来，然后只需重新计算权重发生变化的网络层的输出以及所有后续层的输出即可。实际上，在后文中，我们会对该函数背后的思想进行更加深入的阐述，但现在我们先给出它的实现代码：

```
def partial_predict(self, layer_index=None, w_t=None, b_t=None,
partial_mem=None, stream=None, batch_size=None, delta=None):

  self.network[layer_index].eval_(x=self.network_mem[layer_index], y = partial_mem[la
yer_index+1], batch_size=batch_size, stream = stream,w_t=w_t, b_t=b_t, delta=delta)

  for i in xrange(layer_index+1, len(self.network)):
   self.network[i].eval_(x=partial_mem[i], y =partial_mem[i+1],batch_size=batch_size,
 stream = stream)
```

9.5.2　梯度下降法

现在，我们将完整实现神经网络的训练方法，具体来说，这里采用的训练方法为**批量随机梯度下降**（Batch-Stochastic Gradient Descent，BSGD）法。下面我们将对术语“批量随机梯度下降”进行逐字解读。其中，**批量**表示该训练算法每次处理一组训练样本，而不是同时对所有样本进行处理，而**随机**表示每个批次都是随机选择的。此外，**梯度**则意味着我们将用到微积分中的梯度——在这里是损失函数对每个权重和偏置的偏导数组成的集合。最后，**下降**意味着我们将力求损失函数最小化——我们是通过不断对权重和偏置进行细微的改变来做到这一点的，方法就是减去梯度值。

根据微积分相关知识，我们知道梯度总指向上升最快的方向，与之相反的方向是下降最快的方向。既然我们想要的是下降，我们就减去梯度好了。

现在，我们用 SequentialNetwork 类中的 bsgd 方法来实现 BSGD 算法。下面我们介绍一下 bsgd 方法的各个输入参数：

- training 是存放训练样本的二维 NumPy 数组；
- labels 对应于每个训练样本在神经网络最终层的期望输出；
- delta 表示用于计算导数的权重增量；
- max_streams 表示用于 BSGD 计算的并发 CUDA 流的最大数量；
- batch_size 表示每次更新权重时，用于计算损失函数的批量的大小；
- epochs 表示对当前样本集的顺序进行"洗牌"（Shuffle）、分批并运行 BSGD 算法这一过程要重复多少遍；
- training_rate 表示通过梯度计算更新权重和偏置的速率。

实现该方法时，首先要进行必要的类型检查和类型转换，将 CUDA 流对象集合设置到一个 Python 列表中，并通过另一个列表分配一些 GPU 内存：

```
    def bsgd(self, training=None, labels=None, delta=None, max_streams = None,batch_size =
 None, epochs = 1, training_rate=0.01):

     training_rate = np.float32(training_rate)

     training = np.float32(training)
     labels = np.float32(labels)

     if( training.shape[0] != labels.shape[0] ):
      raise Exception("Number of training data points should be same as
    labels!")

     if max_streams is None:
      max_streams = self.max_streams

     if epochs is None:
     epochs = self.epochs

     if delta is None:
     delta = self.delta

     streams = []
     bgd_mem = []

     # create the streams needed for training
     for _ in xrange(max_streams):
      streams.append(drv.Stream())
```

```
  bgd_mem.append([])

 # allocate memory for each stream
 for i in xrange(len(bgd_mem)):
  for mem_bank in self.network_mem:
   bgd_mem[i].append( gpuarray.empty_like(mem_bank) )
```

现在，我们可以开始训练了：对于每个周期（epoch）来说，先完整执行一遍 BSGD 算法，再对整个数据集进行随机洗牌。同时，在训练过程中，我们也会向终端输出一些信息，以便用户观察相应的状态更新。

```
num_points = training.shape[0]

if batch_size is None:

 batch_size = self.max_batch_size

index = range(training.shape[0])

for k in xrange(epochs):

 print '-----------------------------------------------------------'
 print 'Starting training epoch: %s' % k
 print 'Batch size: %s , Total number of training samples: %s' %
(batch_size, num_points)
 print '-----------------------------------------------------------'

 all_grad = []

np.random.shuffle(index)
```

现在，我们将利用一个循环语句，遍历经过洗牌处理的数据集中的每批数据。下面我们首先计算当前这一批数据的熵，并将其输出。如果用户看到熵减小了，他们就知道梯度下降在这里起作用了：

```
for r in xrange(int(np.floor(training.shape[0]/batch_size))):

 batch_index = index[r*batch_size:(r+1)*batch_size]

 batch_training = training[batch_index, :]
 batch_labels = labels[batch_index, :]

 batch_predictions = self.predict(batch_training)

 cur_entropy = cross_entropy(predictions=batch_predictions,
```

```
ground_truth=batch_labels)

 print 'entropy: %s' % cur_entropy
```

接下来，我们将迭代神经网络的每一个密集层，计算整个权重和偏置集的梯度。我们将把这些权重和偏置的导数存储在**扁平化**的（一维）数组中，从而与 CUDA 内核函数中的 w_t 和 b_t 索引对应起来，因为这些索引也是扁平化的。我们将通过多个 CUDA 流来处理不同权重的各种输出，因此将使用 Python 的队列容器来存储这批待处理的权重和偏置所组成的集合。然后，我们可以直接在队列容器的顶部弹出值，并送入下一个可用的 CUDA 流中（把这些值存储为元组，元组的第一个元素专门用于表明这些值是权重还是偏置）。

```
for i in xrange(len(self.network)):

 if self.network_summary[i][0] != 'dense':
  continue
all_weights = Queue()

grad_w = np.zeros((self.network[i].weights.size,), dtype=np.float32)
grad_b = np.zeros((self.network[i].b.size,), dtype=np.float32)

for w in xrange( self.network[i].weights.size ):
 all_weights.put( ('w', np.int32(w) ) )

for b in xrange( self.network[i].b.size ):
 all_weights.put(('b', np.int32(b) ) )
```

现在，我们需要对每一个权重和偏置进行迭代，为此可以使用 while 循环来完成该任务，这个循环可以检查我们刚刚设置的队列是否为空。此外，我们将设置另一个队列 stream_weights，该队列用于帮助我们记录每个 CUDA 流处理过哪些权重和偏置。在正确设置权重和偏置输入之后，我们就可以通过当前的 CUDA 流和相应的 GPU 内存数组来使用 partial predict 函数了。

我们已经通过 predict 函数计算了这批样本的熵，接下来就可以使用 partial_predict 函数来处理这批样本了，但是一定要对这里使用的内存量和层数倍加小心。

```
while not all_weights.empty():

 stream_weights = Queue()
```

```
for j in xrange(max_streams):

 if all_weights.empty():
   break

 wb = all_weights.get()

 if wb[0] == 'w':
  w_t = wb[1]
  b_t = None
 elif wb[0] == 'b':
  b_t = wb[1]
  w_t = None

 stream_weights.put( wb )

 self.partial_predict(layer_index=i, w_t=w_t, b_t=b_t,partial_mem=bgd_mem[j], stream=
streams[j], batch_size=batch_size,delta=delta)
```

我们只计算了一小组权重和偏置的变化的预测输出，还必须计算相应的熵，并将导数的值存储在扁平化的数组中：

```
for j in xrange(max_streams):

 if stream_weights.empty():
  break

 wb = stream_weights.get()

 w_predictions = bgd_mem[j][-1].get_async(stream=streams[j])

 w_entropy = cross_entropy(predictions=w_predictions[ :batch_size,:],ground_truth=
batch_labels)


 if wb[0] == 'w':
  w_t = wb[1]
  grad_w[w_t] = -(w_entropy - cur_entropy) / delta

 elif wb[0] == 'b':
  b_t = wb[1]
  grad_b[b_t] = -(w_entropy - cur_entropy) / delta
```

至此，`while` 循环结束了。一旦跳出了该循环，这就说明已经计算了这个特定层的所有权重和偏置的导数。在迭代到下一层之前，我们需要把当前权重和偏置集的梯度值

追加到 `all_grad` 列表中，还需要把扁平化的权重列表恢复为原始形状。

```
all_grad.append([np.reshape(grad_w,self.network[i].weights.shape) ,
grad_b])
```

在逐层迭代后，我们就可以对神经网络在这批样本上的权重和偏置进行优化了。注意，如果 `training_rate` 变量值远远小于 1 的话，会降低权重更新的速度。

```
for i in xrange(len(self.network)):
 if self.network_summary[i][0] == 'dense':
  new_weights = self.network[i].weights.get()
  new_weights += training_rate*all_grad[i][0]
  new_bias = self.network[i].b.get()
  new_bias += training_rate*all_grad[i][1]
  self.network[i].weights.set(new_weights)
  self.network[i].b.set(new_bias)
```

至此，我们已经完整实现了一个非常简单的基于 GPU 的深度神经网络！

9.5.3 数据的规范化和归一化

在继续训练和测试新神经网络之前，我们需要先来谈谈数据的**规范化**和**归一化**。神经网络很容易受到数值误差的影响，尤其是当输入值的大小存在巨大差异时。这个问题可以通过适当**规范**训练数据来进行缓解。例如，先计算所有样本的均值和标准差；然后，对于输入样本中的每个点，减去均值并除以标准差；之后，让神经网络利用经过规范处理后的样本进行训练或推断（预测）。这种方法被称为**归一化**。下面我们利用一个 Python 函数来完成这项任务，代码如下所示：

```
def condition_data(data, means=None, stds=None):

 if means is None:
  means = np.mean(data, axis=0)

 if stds is None:
  stds = np.std(data, axis = 0)

 conditioned_data = data.copy()
 conditioned_data -= means
 conditioned_data /= stds

 return (conditioned_data, means, stds)
```

9.6　Iris 数据集

现在，我们将针对一个现实生活中的问题构建自己的深度神经网络：根据花瓣的测量结果对鸢尾花（Iris）的品种进行分类。我们将使用著名的 **Iris 数据集**来解决这个问题。这个数据集存储在 CSV 格式的文本文件中，每一行包含 4 个不同的数值（花瓣测量值），然后是花的品种（这里有 3 个品种，即 **Irissetosa**、**Irisversicolor** 和 **Irisvirginica**）。现在我们将根据这组数据设计一个小型深度神经网络，对鸢尾花的品种进行分类。

我们需要先下载 Iris 数据集，并将其放到工作目录中。我们可以通过 UC Irvine Machine Learning 存储库下载。

我们将首先把这个文件转换成相应的数据数组，以便训练和验证深度神经网络。下面我们开始介绍主函数的代码，我们将需要把花的品种翻译成深度神经网络可以输出的实际品种，所以可以创建一个字典，以便为每个品种提供相应的标签。我们还将创建一些空列表，用来存储训练数据和标签：

```
if __name__ == '__main__':
 to_class = { 'Iris-setosa' : [1,0,0] , 'Iris-versicolor' : [0,1,0], 'Irisvirginica'
: [0,0,1]}

 iris_data = []
 iris_labels = []
```

让我们从 CSV 文件中读取数据，即使用之前导入的 Python 的 `csv` 模块中的 `reader` 函数：

```
with open('C:/Users/btuom/examples/9/iris.data', 'rb') as csvfile:
csvreader = csv.reader(csvfile, delimiter=',')
 for row in csvreader:
  newrow = []
  if len(row) != 5:
   break
  for i in range(4):
   newrow.append(row[i])
  iris_data.append(newrow)
  iris_labels.append(to_class[row[4]])
```

我们将对数据进行随机洗牌，并将其中 2/3 的样本作为训练数据，剩下的 1/3 的样本作为测试（验证）数据：

```
iris_len = len(iris_data)
shuffled_index = list(range(iris_len))
np.random.shuffle(shuffled_index)
iris_data = np.float32(iris_data)
iris_labels = np.float32(iris_labels)
iris_data = iris_data[shuffled_index, :]
iris_labels = iris_labels[shuffled_index,:]

t_len = (2*iris_len) // 3

iris_train = iris_data[:t_len, :]
label_train = iris_labels[:t_len, :]

iris_test = iris_data[t_len:,:]
label_test = iris_labels[t_len:, :]
```

至此，终于可以开始构建深度神经网络了！首先，让我们创建一个 SequentialNetwork 对象，将 max_batch_size 设置为 32：

```
sn = SequentialNetwork( max_batch_size=32 )
```

现在，让我们创建自己的深度神经网络。这个深度神经网络由 4 个密集层（其中有两个隐藏层）和 1 个 softmax 层组成，并且前 3 层中的神经元数量是逐层递加的，但是最后一层只有 3 个输出（每个品种对应于一个输出）。这种每层神经元数量呈递增趋势的神经网络的好处在于——我们能够捕捉到数据的一些细微之处。

```
sn.add_layer({'type' : 'dense', 'num_inputs' : 4, 'num_outputs' : 10,
'relu': True, 'sigmoid': False, 'weights' : None, 'bias' : None} )
sn.add_layer({'type' : 'dense', 'num_inputs' : 10, 'num_outputs' : 15,
'relu': True, 'sigmoid': False, 'weights': None, 'bias' : None} )
sn.add_layer({'type' : 'dense', 'num_inputs' : 15, 'num_outputs' : 20,
'relu': True, 'sigmoid': False, 'weights': None, 'bias' : None} )
sn.add_layer({'type' : 'dense', 'num_inputs' : 20, 'num_outputs' : 3,
'relu': True, 'sigmoid': False, 'weights': None , 'bias': None } )
sn.add_layer({'type' : 'softmax'})
```

现在，我们将规范训练数据，并用前文实现的 BSGD 算法来训练网络。在训练过程中，batch_size 被设置为 16，max_streams 被设置为 20，epochs 被设置为 100，delta 被设置为 0.0001，training_rate 被设置为 1——这些参数的设置几乎适用于任何现代 GPU。我们还会在训练过程中安插计时任务，这可能会非常耗时：

```
ctrain, means, stds = condition_data(iris_train)

t1 = time()
sn.bsgd(training=ctrain, labels=label_train, batch_size=16, max_streams=20,
epochs=100 , delta=0.0001, training_rate=1)
training_time = time() - t1
```

至此，深度神经网络已经训练好了。接下来要做的就是测试了！我们需要设置一个名为 hits 的 Python 变量来统计正确分类的总数，还需要对测试数据进行规整，还要通过深度神经网络的 softmax 层的最大值的索引来确定品种。实际上，我们可以通过 NumPy 库的 argmax 函数来检查分类结果是否正确，代码如下所示：

```
hits = 0
ctest, _, _ = condition_data(iris_test, means=means, stds=stds)
for i in range(ctest.shape[0]):
 if np.argmax(sn.predict(ctest[i,:])) == np.argmax( label_test[i,:]):
  hits += 1
```

接下来，我们要检查深度神经网络的实际工作情况，先输出准确率和总训练时间：

```
print 'Percentage Correct Classifications: %s' % (float(hits ) /
ctest.shape[0])
print 'Total Training Time: %s' % training_time
```

好了，完成了，就是这么简单！现在，我们已经可以用 Python 和 CUDA 完整实现一个深度神经网络了！

一般来说，对于这个特殊的问题的准确率将为 80%～97%，在任何 Pascal 架构的 GPU 上，训练时间大概为 10～20 分钟。

本章的代码也可以在配套资源的 deep_neural_network.py 文件中找到。

9.7　小结

在本章中，我们首先给出了人工神经网络的定义，并展示了如何将单个 AN 组合成密集层，进而将这些层组合在一起，最终形成一个完整的深度神经网络。然后，我们利用 CUDA C 实现了一个密集层，并创建了一个相应的 Python 包装器类。我们还介绍了在密集层的输出上添加 ReLU 和 sigmoid 层的功能。在本章中，我们以 softmax 层为例，不仅介绍了其定义和用途（用于分类问题），还给出了基于 CUDA C 和 Python 的实现代码。最后，我们还实现了一个 Python 类，并利用前文创建的类打造了一个序贯前馈 DNN，同时，我们还实现了一个交叉熵损失函数，用于在实现梯度下降时，通过它来训练 DNN 中的权值和偏置。

最后，我们利用前文的实现代码在一个真实的数据集上构造、训练并测试了一个 DNN。现在，我们编写出了自己的基于 GPU 的 DNN，这对于提高自己在 CUDA 编程方面的自信是极大的鼓舞！在后文中，我们将介绍一些更加高级的技术，例如，如何为已经编译好的 CUDA 代码编写我们自己的接口，以及 NVIDIA GPU 的一些技术细节等。

9.8　习题

1. 假设你构建了一个 DNN，但是经过训练后，只能得到错误的结果。经过检查，你发现所有的权重和偏置要么是巨大的数字，要么是 NaN。那么，问题最可能出现在哪里呢？
2. `training_rate` 值较小可能会导致哪些问题？请至少说出一个。
3. `training_rate` 值较大可能会导致哪些问题？请至少说出一个。
4. 假设我们要训练一个 DNN，它将为一幅动物图像分配多个标签（“黏糊糊的”“毛茸茸的”“红色的”“棕色的”……）。那么，我们应该在 DNN 的末尾使用 `sigmoid` 函数，还是 `softmax` 函数？
5. 假设我们想要将一幅图像中的动物归类为猫或狗。那么，我们应该使用 `sigmoid` 函数，还是 `softmax` 函数？
6. 如果我们减小批次的规模，那么在梯度下降训练期间，权重和偏置更新得会更频繁还是更不频繁？

第 10 章 应用编译好的GPU 代码

在本书中，我们通常会借助 PyCUDA 库来处理内联 CUDA C 代码，因为这些库能够自动处理这些代码的即时编译以及与其他 Python 代码的链接工作。不过，有时编译过程可能需要一些时间。在第 3 章中，我们详细介绍了编译过程是如何导致速度变慢，以及在哪些情况下编译和保留内联代码是不合时宜的。对于某些应用程序来说，这会带来很多不便；对于实时系统来说，这甚至是完全无法容忍的。

为了解决这些问题，我们可以在 Python 中使用预编译的 GPU 代码。具体来说，我们可以通过 3 种方法来达到这个目的。第一种方法是编写一个主机端 CUDA C 函数，并通过它间接运行 CUDA 内核函数来实现这个目的。对于这种方法，我们需要通过标准的 Python Ctypes 模块来调用主机端函数。第二种方法是把内核函数编译成并行线程执行（Parallel Thread Execution，PTX）模块。这里所谓的 PTX 模块，实际上就是一个 DLL 文件，其中存放着为 GPU 编译好的二进制代码。然后，我们就可以通过 PyCUDA 加载这个文件，从而直接运行内核函数。第三种方法是自己编写一个 Ctypes 接口，来调用 CUDA Driver API。这样我们就可以使用 Driver API 中的相应函数来加载 PTX 文件并启动内核函数了。

在本章中，我们将介绍下列主题：

- 使用 Ctypes 模块启动编译后的（主机端）代码；
- 使用主机端 CUDA C 包装器和 Ctypes 模块来启动 Python 的内核函数；
- 如何将 CUDA C 模块编译成 PTX 文件；
- 如何在 PyCUDA 中加载 PTX 文件以启动预编译的内核函数；
- 如何编写自定义的 Python 接口来调用 CUDA Driver API。

10.1 通过 Ctypes 模块启动编译好的代码

现在，我们简单介绍一下 Python 标准库中的 Ctypes 模块。实际上，该模块用于从 Linux 的 .so（共享对象）或 Windows 的 DLL 格式的预编译二进制文件中调用函数，借此我们就能摆脱纯 Python 的束缚，与用编译型语言（特别是 C 和 C++）编写的代码库和代码进行交互。碰巧的是，NVIDIA 只提供了这样的预编译二进制文件，用于与 CUDA 设备进行交互，所以如果我们想绕开 PyCUDA 库，就必须使用 Ctypes 模块。

下面让我们从一个简单的例子开始：直接通过 Ctypes 模块调用 `printf` 函数。为此，请打开一个 IPython 的实例，并输入 `import ctypes` 命令。接下来，我们来看看如何从 Ctypes 模块中调用标准的 `printf` 函数。首先，我们必须导入相应的库：对于 Linux 操作系统来说，需要加载 LibC 库，为此请输入 `libc = ctypes.CDLL('libc.so.6')` 命令；对于 Windows 操作系统来说，请将命令中的`'libc.so.6'`替换为`'msvcrt.dll'`。

现在，我们可以直接在 IPython 提示符中执行 `libc.printf("Hello from ctypes!)`命令了。

我们来执行另一条命令：在 IPython 中输入 `libc.printf("Pi is approxi- mately %f.\n", 3.14)`。这时，我们应该会收到一个错误提示。这是因为 `3.14` 没有从 Python 语言的浮点型变量转换为 C 语言中的双精度浮点型变量——可以用 Ctypes 模块完成这项任务：

```
libc.printf("Pi is approximately %f.\n", ctypes.c_double(3.14))
```

现在，输出内容应该符合我们的预期了。就像在 PyCUDA 中启动 CUDA 内核函数时需要注意的一样，我们必须对输入数据的类型进行相应的转换。

在 Python 代码中通过 Ctypes 模块调用某些函数时，请务必将函数的输入类型转换成 C 语言中相应的数据类型（在 Ctypes 模块中，这些数据类型前面都带有前缀 c_，如 `c_float`、`c_double`、`c_char`、`c_int` 等）。

重温 Mandelbrot 集

让我们重温一下第 1 章和第 3 章中提到的 Mandelbrot 集。我们将编写一个用于计算 Mandelbrot 集的 CUDA 内核函数，为此需要提供一个特定的参数集以及一个适当的主机端包装器函数——我们将通过 Ctypes 接口调用这个包装器函数。首先，我们将把这些函数写到一个 CUDA C 的 .cu 源文件中；然后，用 NVCC 编译器将其编译成一个 DLL 或 .so 二进制文件；最后，还需要编写一些 Python 代码，并通过它来运行前面编译好的二进制代码并显示 Mandelbrot 集。

现在，我们将在不借助 PyCUDA 的情况下，利用 Ctypes 模块在 Python 中启动一个预编译的 CUDA 内核函数，即利用 CUDA C 编写一个主机端**内核启动器**封装函数，并将其编译成一个动态库格式的二进制文件——Windows 上的 DLL 二进制文件或者 Linux 上的 `.so` 二进制文件，其中存放的是所需的 GPU 代码。

好了，我们首先来编写所需的 CUDA C 代码。请打开你最喜欢的文本编辑器，跟随我们一起开始编码吧！我们将从标准的 `include` 语句开始：

```
#include <cuda_runtime.h>
#include <stdio.h>
#include <stdlib.h>
#include <math.h>
```

之后，我们直接进入内核函数的编写环节。注意，代码中含有关键字 `extern "C"`，其作用是允许我们在外部链接这个函数：

```
extern "C" __global__ void mandelbrot_ker(float * lattice, float *
mandelbrot_graph, int max_iters, float upper_bound_squared, int
lattice_size)
{
```

让我们考虑一下这是如何工作的：通过一个名为 `lattice` 的一维数组来存放实部和虚部，该数组的长度为 `lattice_size`。然后，利用这个数组来计算形状为(`lattice_size, lattice_size`)的二维 Mandelbrot 集图像，并将其保存到预分配的数组 `mandelbrot_graph` 中。我们将使用 `max_iters` 指定在每个点处检查发散度的迭代次数，并像前文一样，通过 `upper_bound_squared` 提供的上限平方值来指定最大上限。(稍后我们将介绍使用平方值的动机。)

我们将在一维网格/线程块结构上启动这个内核函数，每个线程对应于 Mandelbrot 集图像中的单个点。然后，我们可以确定该点对应于 `lattice` 数组中实部和虚部的值，代码如下所示：

```
int tid = blockIdx.x * blockDim.x + threadIdx.x;
if ( tid < lattice_size*lattice_size )
{
    int i = tid % lattice_size;
    int j = lattice_size - 1 - (tid / lattice_size);
    float c_re = lattice[i];
    float c_im = lattice[j];
```

让我们讨论一下这个过程。首先，记住，实际使用的线程可能要比所需的线程要稍多一些，因此需要使用 `if` 语句检查线程 ID 是否与输出图像中的某个点相对应，这一点是很重要的。其次，还要记住，输出的数组 `mandelbrot_graph` 将以一维数组的形式存储，该数组代表一个二维图像，以逐行格式存储；对这个数组进行写入操作时，我们将用 `tid` 作为索引。`Lattice` 存储一系列从小到大排序的实数，因此我们将必须颠倒它们的顺序来得到合适的虚数。另外，注意，我们将在这里使用普通的浮点数，而不是一些结构或对象来表示复数。每个复数有实部和虚部，所以我们必须使用两个浮点数来存储与这个线程的格点（`c_re` 和 `c_im`）相对应的复数。

我们将再设置两个变量来处理散度检查，即变量 `z_re` 和 `z_im`，并在检查散度之前将这个线程在图上的点的初始值设置为 1：

```
float z_re = 0.0f;
float z_im = 0.0f;
mandelbrot_graph[tid] = 1;
```

现在我们来检查散度：如果它在 `max_iter` 迭代后确实发散，则将该点设为 0；否则，它仍然为 1。代码如下：

```
for (int k = 0; k < max_iters; k++)
{
    float temp;
    temp = z_re*z_re - z_im*z_im + c_re;
    z_im = 2*z_re*z_im + c_im;
    z_re = temp;
    if ( (z_re*z_re + z_im*z_im) > upper_bound_squared )
    {
        mandelbrot_graph[tid] = 0;
        break;
    }
}
```

由于这里没有使用处理复数的类，因此必须通过前文所说的运算求出复数 `z` 的新实部和新虚部。我们还需要计算其绝对值，看看其是否超过一个特定值。记住，计算复数的绝对值的公式为 $\sqrt{x^2+y^2}$ 。

别忘了，Mandelbrot 集的每一次迭代都是通过复数的乘法和加法来计算的，例如 `z_new = z*z + c`。实际上，计算出上限的平方，然后将其插入内核函数中是能够节省一些时间的，因为这样就不必计算 `z_re*z_re+z_im*z_im` 的平方根了。

到目前为止，内核函数基本上就算写好了。接下来，我们只需要结束 if 语句，然后从内核函数中返回：

```
    }
    return;
}
```

我们还有一些工作要做——还需要写一个主机端包装器函数：对于 Linux 操作系统，需要使用关键字 `extern "C"`；对于 Windows 操作系统，需要使用关键字 `extern "C" __declspec(dllexport)`。（与编译好的 CUDA 内核函数相比，如果我们想在 Windows 操作系统中通过 Ctypes 模块访问一个主机端函数，额外添加的`"C" __declspec(dllexport)`是必不可少的）。我们在这个函数中输入的参数将直接对应于内核函数中的参数，只不过这些参数将被存储在主机端而已。

```
extern "C" __declspec(dllexport) void launch_mandelbrot(float * lattice,
float * mandelbrot_graph, int max_iters, float upper_bound, int
lattice_size)
{
```

现在,我们首先要做的就是用`cudaMalloc`在GPU上分配足够的内存来存储`lattice`数组和输出内容，然后用`cudaMemcpy`将`lattice`数组复制到 GPU：

```
    int num_bytes_lattice = sizeof(float) * lattice_size;
    int num_bytes_graph = sizeof(float)* lattice_size*lattice_size;
    float * d_lattice;
    float * d_mandelbrot_graph;
    cudaMalloc((float **) &d_lattice, num_bytes_lattice);
    cudaMalloc((float **) &d_mandelbrot_graph, num_bytes_graph);
    cudaMemcpy(d_lattice, lattice, num_bytes_lattice,
cudaMemcpyHostToDevice);
```

像之前的许多内核函数一样,我们将在一维网格中大小为 32 的一维线程块上运行这个内核函数，还需要将输出点数的上限值除以 32，以确定网格大小，代码如下所示：

```
    int grid_size = (int) ceil( ( (double) lattice_size*lattice_size ) /
( (double) 32 ) );
```

现在，我们可以使用传统的 CUDA C 三重角括号来指定网格和线程块的大小，以启动内核函数。注意我们在这里是如何提前对上限进行平方处理的：

```
    mandelbrot_ker <<< grid_size, 32 >>> (d_lattice, d_mandelbrot_graph,
max_iters, upper_bound*upper_bound, lattice_size);
```

在完成这些工作后，我们只需要将输出复制到主机上，然后调用`cudaFree`处理相应的数组即可。接下来，我们就可以从这个函数中返回了：

```
    cudaMemcpy(mandelbrot_graph, d_mandelbrot_graph, num_bytes_graph,
cudaMemcpyDeviceToHost);
    cudaFree(d_lattice);
    cudaFree(d_mandelbrot_graph);
}
```

至此，我们就写好了所需的全部 CUDA C 代码。之后，我们可以将其保存到一个名为 mandelbrot.cu 的文件中。

编译代码并通过 Ctypes 模块进行调用

现在，让我们将刚刚编写的代码编译成 DLL 或.so 格式的二进制文件。这项工作实际上是相当简单的，如果你是 Linux 用户，请在命令行中输入以下内容，以将该文件编译到 mandelbrot.so 中：

```
nvcc-xcompiler-fpic-shared-o mandelbrot.so mandelbrot.cu
```

如果你是 Windows 用户，可以通过在命令行中输入以下内容，将该文件编译成 mandelbrot.dll：

```
nvcc -shared -o mandelbrot.dll mandelbrot.cu
```

现在，我们可以着手编写 Python 接口了。首先，我们需要导入相应的模块，当然，这里肯定不包括 PyCUDA 模块，而只包括 Ctypes 模块。为了方便起见，我们可以直接把 Ctypes 模块中的所有类和函数全部导入默认的 Python 命名空间中，代码如下所示：

```
from __future__ import division
from time import time
import matplotlib
from matplotlib import pyplot as plt
import numpy as np
from ctypes import *
```

现在，让我们使用 CTypes 模块为 launch_mandelbrot 主机端函数创建一个接口。首先，我们必须加载编译好的 DLL 或.so 文件（当然，Linux 用户必须将文件名改为 mandelbrot.so）：

```
mandel_dll = CDLL('./mandelbrot.dll')
```

这样我们就可以通过该库获得对 launch_mandelbrot 的引用了，代码如下所示。（这里我们将它简称为 mandel_c）：

```
mandel_c = mandel_dll.launch_mandelbrot
```

现在，在调用该函数之前，我们必须告诉 Ctype 模块相应输入的具体类型。注意，对于 launch_mandelbrot 来说，各个输入的类型分别为 float-pointer、float-pointer、integer、float 和 integer。为此，我们可以使用 argtype 参数，并通过适当的数据类型（c_float 和 c_int）以及 Ctypes 指针类（POINTER）进行设置：

```
mandel_c.argtype=[POINTER(c_float),POINTER(c_float),c_int,c_float,c_int]
```

现在让我们编写一个 Python 函数来运行这个函数。我们将用 breadth 指定正方形输出图像的宽度和高度，以及复数数组 lattice 中实部和虚部的最小值和最大值，并指定最大迭代次数以及上限：

```
def mandelbrot(breath,low,high,max_iters,up_bound):
```

现在，我们将用 NumPy 库的 linspace 函数创建 lattice 数组，具体代码如下所示：

```
lattice = np.linspace(low, high, breadth, dtype=np.float32)
```

注意，我们将必须向 launch_mandelbrot 传递一个预分配的浮点型数组，以获得图像形式的输出结果。为此，我们可以通过调用 NumPy 的 empty 命令来设置适当形状和大小的数组来完成该任务，该命令将在这里扮演 C 语言中的 malloc 函数的角色：

```
out = np.empty(shape=(lattice.size,lattice.size), dtype=np.float32)
```

现在，我们已经为计算 Mandelbrot 集图像做好了相应的准备。注意，我们可以通过使用带有相应类型的 cTypes.data_as 方法将 NumPy 数组传递给 C。完成这个操作后，我们就可以返回输出结果了，即二维 NumPy 数组形式的 Mandelbrot 集图像：

```
mandel_c(lattice.ctypes.data_as(POINTER(c_float)),out.ctypes.data_as(POINTER(c_float)),
c_int(max_iters),c_float(upper_bound), c_int(lattice.size) )
return out
```

现在，让我们用 Matplotlib 库来编写主函数。该函数的作用是计算、展示 Mandelbrot 集图像以及计时：

```
if __name__ == '__main__':
    t1 = time()
    mandel = mandelbrot(512,-2,2,256, 2)
    t2 = time()
    mandel_time = t2 - t1
```

```
print 'It took %s seconds to calculate the Mandelbrot graph.' %mandel_time
plt.figure(1)
plt.imshow(mandel, extent=(-2, 2, -2, 2))
plt.show()
```

最后，我们可以尝试运行这个程序。这时，我们应该会看到 Mandelbrot 集图像。如图 10-1 所示，该图像应该跟在第 1 章和第 3 章中的一模一样。

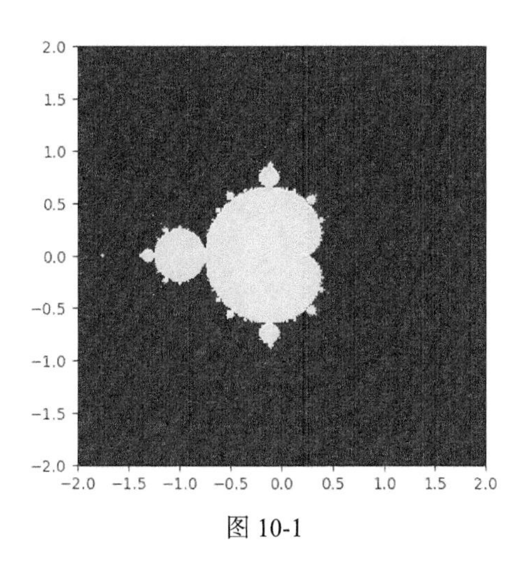

图 10-1

这个 Python 示例的代码也可以从配套资源的 mandelbrot_ctypes.py 文件中找到。

10.2 编译并运行纯 PTX 代码

我们刚才已经看到了如何从 Ctypes 中调用一个纯 C 函数。从某些方面来看，该方法可能不够优雅，因为二进制文件必须包含主机端代码和编译好的 GPU 代码，这似乎过于烦琐。我们是否可以单纯使用编译的 GPU 代码，并在 GPU 上运行它们，而不必每次都写一个 C 包装器程序呢？幸运的是，答案是可以。

NVCC 编译器能够将 CUDA C 代码编译成 PTX 代码，而 PTX 是一种解释型的伪汇编语言，可以兼容 NVIDIA 的各种 GPU 架构。每当你将一个使用 NVCC 的 CUDA 内核函数的程序编译成可执行的 EXE、DLL、SO 或 ELF 文件时，该文件就会包含该内核函数的 PTX 代码。我们也可以直接编译一个 PTX 文件，这种文件只含有来自编译好的

CUDA .cu 文件中的 GPU 内核函数。幸运的是，PyCUDA 库提供了一个直接通过 PTX 文件加载 CUDA 内核函数的接口，不仅让我们能够摆脱即时编译的束缚，还能使用 PyCUDA 模块的其他所有功能。

让我们把刚才写的 Mandelbrot 代码编译成一个 PTX 文件。在这里，我们无须进行任何修改，只需在 Linux 或 Windows 系统的命令行中输入以下内容：

```
nvcc -ptx -o mandelbrot.ptx mandelbrot.cu
```

让我们修改 10.1 节中的 Python 程序，令其改用 PTX 代码。这里不再导入 Ctypes 模块，而是导入 PyCUDA 模块：

```
from __future__ import division
from time import time
import matplotlib
from matplotlib import pyplot as plt
import numpy as np
import pycuda
from pycuda import gpuarray
import pycuda.autoinit
```

现在，让我们使用 PyCUDA 模块中的 `module_from_file` 函数来加载 PTX 文件，代码如下所示：

```
mandel_mod = pycuda.driver.module_from_file('./mandelbrot.ptx')
```

这样一来，我们就可以用 `get_function` 获取内核函数的引用了，其用法与 PyCUDA 模块的 `SourceModule` 函数几乎没有区别：

```
mandel_ker = mandel_mod.get_function('mandelbrot_ker')
```

接下来，我们将重写 Mandelbrot 函数——为了正常使用该内核函数，不仅需要借助于适当的 `gpuarray` 对象，还需要对输入的 `typecast` 进行相应的转换（对于下面的代码，我们就不再逐行解释了，因为它们的功能是一目了然的）。

```
def mandelbrot(breadth, low, high, max_iters, upper_bound):
    lattice = gpuarray.to_gpu(np.linspace(low, high, breadth, dtype=np.
    out_gpu = gpuarray.empty(shape=(lattice.size,lattice.size),dtype=np.float32)
    gridsize = int(np.ceil(lattice.size**2 / 32))
    mandel_ker(lattice, out_gpu, np.int32(256), np.float32(upper_bound**2),np.int32
(lattice.size), grid=(gridsize, 1, 1), block=(32,1,1))
    out = out_gpu.get()

    return out
```

另外，这里使用的 `main` 函数与 10.1 节中的完全一致：

```
if __name__ == '__main__':
    t1 = time()
    mandel = mandelbrot(512,-2,2,256,2)
    t2 = time()
    mandel_time = t2 - t1
    print 'It took %s seconds to calculate the Mandelbrot graph.' %mandel_time
    plt.figure(1)
    plt.imshow(mandel, extent=(-2, 2, -2, 2))
    plt.show()
```

现在，我们可以运行上述代码，检查一下输出结果是否正确。在此过程中，大家会发现当前代码的运行速度，要比 Ctypes 版本的要快很多。

这段代码也可以在配套资源的 `mandelbrot_ptx.py` 文件中找到。

10.3 为 CUDA Driver API 编写包装器

我们现在将研究如何使用 Ctypes 模块为一些预打包的二进制 CUDA 库函数编写自己的包装器。我们将为 CUDA Driver API 编写包装器，这样就能执行与 GPU 相关的各种操作了，例如 GPU 初始化，内存的分配、传输、释放，内核函数的启动以及上下文的创建、同步、销毁。这方面的知识对我们非常有用：一方面可以直接使用 GPU 而无须借助于 PyCUDA 模块，另一方面，也不必再编写烦人的主机端 C 函数包装器了。

我们现在将编写一个小型模块，充当 **CUDA Driver API** 的包装器库。首先，让我们先来讨论一下这到底意味着什么。我们知道，CUDA Driver API 与 **CUDA Runtime API** 稍有不同，并且前者的技术性要更强一些，而后者在本书处理 CUDA C 代码的示例中也曾介绍过。CUDA Driver API 用于常规 C/C++编译器，而不用于 NVCC 编译器，同时，它们会使用一些不同的约定，比如使用 `cuLaunchKernel` 函数来启动内核函数，而不使用`<<<gridsize,blocksize>>>`这样的括号表示法。这样的话，我们就能通过 Ctypes 模块直接访问从 PTX 文件中启动内核函数所需的函数了。

现在，让我们先把 Ctypes 模块中的所有函数导入模块的命名空间中，导入 sys 模块，然后开始编写这个模块。首先，我们将通过 `sys.platform` 来确定当前的操作系统，以便加载合适的库文件（nvcuda.dll 或 libcuda.so），让模块兼容 Windows 和 Linux 两种系统。

```
from ctypes import *
import sys
if 'linux' in sys.platform:
 cuda = CDLL('libcuda.so')
elif 'win' in sys.platform:
 cuda = CDLL('nvcuda.dll')
```

我们已经成功加载了 CUDA Driver API，现在可以开始为使用 GPU 时所需的函数编写包装器了。为此，我们将查看各个 CUDA Driver API 函数的原型——在编写 Ctypes 包装器时，该步骤通常是必不可少的。

让我们从 Driver API 中最基本的函数 cuInit 开始，其作用是初始化 Driver API。该函数有一个输入参数，其类型为无符号整数，用于表示各种标志。同时，该函数将返回一个 CUresult 类型的返回值（整数值）。好了，具体的代码如下所示：

```
cuInit = cuda.cuInit
cuInit.argtypes = [c_uint]
cuInit.restype = int
```

再来看下一个函数 cuDeviceCount，其作用是告诉我们计算机上安装了多少个 NVIDIA GPU。这个函数会接收一个整数指针作为其唯一的输入，并通过引用让该函数返回一个整数输出值。返回值是另一个 CUresult 整数——所有的函数都会使用 CUresult，它是所有 Driver API 函数的错误值的标准化形式。例如，如果我们看到函数返回值为 0，则说明结果是 CUDA_SUCCESS，而非零的结果表示错误或警告。

```
cuDeviceGetCount = cuda.cuDeviceGetCount
cuDeviceGetCount.argtypes = [POINTER(c_int)]
cuDeviceGetCount.restype = int
```

现在让我们为 cuDeviceGet 编写一个包装器，以利用第一个输入中的引用返回一个设备句柄。这将对应于第二个输入中给出的 GPU 序号。第一个参数的类型为 CUdevice*，实际上就是一个整型指针。

```
cuDeviceGet = cuda.cuDeviceGet
cuDeviceGet.argtypes = [POINTER(c_int), c_int]
cuDeviceGet.restype = int
```

切记，每个 CUDA 会话都至少需要一个 CUDA 上下文——类似于 CPU 上运行的进程。这是由 CUDA Runtime API 自动处理的，所以这里我们必须在设备上手动创建上下文（使用设备句柄），然后才能使用它。CUDA 会话结束后，我们还必须销毁这个上下文。

我们可以用 cuCtxCreate 函数来创建一个 CUDA 上下文，当然，这个函数也会创建一个上下文。我们来看看官方文档中给出的原型。

```
CUresult cuCtxCreate ( CUcontext* pctx, unsigned int flags, CUdevice dev )
```

当然，返回值是 CUresult。第一个输入是一个指向 CUcontext 类型的指针，实际上，它本身就是一个指向 CUDA 内部使用的特定 C 结构的指针。在 Python 中与 CUcontext 的唯一的交互就是保存它的值以便在其他函数之间传递，所以可以直接将 CUcontext 存储为一个 C void *类型，以存储任何类型的通用指针地址。因为这实际上是一个指向 CUcontext 的指针（同样，它本身就是一个指向内部数据结构的指针——这是另一个通过引用传递的返回值），所以我们可以把这个类型设置为普通的 void *类型，也就是 Ctypes 模块中的 c_void_p 类型。第二个输入是一个无符号整数，而最后一个输入是用来创建新上下文的设备句柄——记住，它本身就是一个整数。下面我们开始为 cuCtxCreate 创建包装器。

```
cuCtxCreate = cuda.cuCtxCreate
cuCtxCreate.argtypes = [c_void_p, c_uint, c_int]
cuCtxCreate.restype = int
```

我们可以使用 C/C++中的 void *类型（Ctypes 模块中的 c_void_p）来指向任意数据或变量——甚至结构和对象，即使它们的定义是未知的也没有关系。

接下来，我们需要查看的函数是 cuModuleLoad，其作用是加载 PTX 文件。该函数的第一个参数是 CUmodule 类型的，并且采用了引用传递方式（也可以直接使用 c_void_p），第二个参数是文件名，通常是一个以 null 结尾的 C 字符串，即 char *，或者 Ctypes 模块中的 c_char_p。

```
cuModuleLoad = cuda.cuModuleLoad
cuModuleLoad.argtypes = [c_void_p, c_char_p]
cuModuleLoad.restype = int
```

下一个函数用于在当前 CUDA 上下文上同步所有启动的操作，该函数名为 cuCtxSynchronize（不需要传入参数）：

```
cuCtxSynchronize = cuda.cuCtxSynchronize
cuCtxSynchronize.argtypes = []
cuCtxSynchronize.restype = int
```

下一个函数用于从加载的模块中检索内核函数的句柄，以便我们可以在 GPU 上启动它们。实际上，该函数正好对应于 PyCUDA 模块中的 `get_function` 方法。根据官方文档的描述，该函数的原型是 `CUresult cuModuleGetFunction ( CUfunction* hfunc, CUmodule hmod, const char* name )`。下面我们开始编写相应的包装器：

```
cuModuleGetFunction = cuda.cuModuleGetFunction
 cuModuleGetFunction.argtypes = [c_void_p, c_void_p, c_char_p ]
 cuModuleGetFunction.restype = int
```

现在，让我们来编写标准动态内存函数的包装器。这些函数都是必不可少的，因为这里没有使用 PyCUDA 模块中的 gpuarray 对象。这些函数实际上与我们以前用过的 CUDA 运行时函数是完全相同的，即 `cudaMalloc`、`cudaMemcpy` 和 `cudaFree` 函数：

```
cuMemAlloc = cuda.cuMemAlloc
cuMemAlloc.argtypes = [c_void_p, c_size_t]
cuMemAlloc.restype = int

cuMemcpyHtoD = cuda.cuMemcpyHtoD
cuMemcpyHtoD.argtypes = [c_void_p, c_void_p, c_size_t]
cuMemAlloc.restype = int

cuMemcpyDtoH = cuda.cuMemcpyDtoH
cuMemcpyDtoH.argtypes = [c_void_p, c_void_p, c_size_t]
cuMemcpyDtoH.restype = int

cuMemFree = cuda.cuMemFree
cuMemFree.argtypes = [c_void_p]
cuMemFree.restype = int
```

现在，我们将为 `cuLaunchKernel` 函数编写一个包装器。这个函数的作用是在 GPU 上启动一个 CUDA 内核函数，前提是我们已经初始化了 CUDA Driver API、创建好了上下文、加载了相关模块、分配了内存及配置了输入，并从加载的模块中提取了内核函数句柄。

当然，这个函数比其他函数要复杂一些，所以，我们不妨先看一下其原型：

```
CUresult cuLaunchKernel ( CUfunction f, unsigned int gridDimX, unsigned int
gridDimY, unsigned int gridDimZ, unsigned int blockDimX, unsigned int
```

```
blockDimY, unsigned int blockDimZ, unsigned int sharedMemBytes, CUstream
hStream, void** kernelParams, void** extra )
```

其中，第一个参数是我们要启动的内核函数的句柄，我们可以用 c_void_p 来表示。而参数 gridDim（共 6 个）和 blockDim 则用于表示线程网格和线程块的大小。参数 sharedMemBytes 的类型为无符号整数，用于表示内核函数启动时，每个线程块将被分配多少字节的共享内存。CUstream hStream 是一个可选的参数，可以用来设置一个自定义的 CUDA 流。如果我们希望使用默认的 CUDA 流，可以将其设置为 NULL(0)，而在 Ctypes 模块中可以用 c_void_p 表示。最后，参数 kernelParams 和 extra 用于设置内核函数的输入，在此不对这些参数深入介绍，大家只需要知道我们也可以用 c_void_p 来表示：

```
cuLaunchKernel = cuda.cuLaunchKernel
cuLaunchKernel.argtypes = [c_void_p, c_uint, c_uint, c_uint, c_uint,
c_uint, c_uint, c_uint, c_void_p, c_void_p, c_void_p]
cuLaunchKernel.restype = int
```

现在，我们介绍最后一个需要编写包装器的函数，即 cuCtxDestroy。当一个 CUDA 会话结束时，我们需要使用该函数来销毁 GPU 上的上下文。这个函数唯一的输入是 CUcontext 对象，可通过 c_void_p 表示：

```
cuCtxDestroy = cuda.cuCtxDestroy
cuCtxDestroy.argtypes = [c_void_p]
cuCtxDestroy.restype = int
```

让我们将其保存到 cuda_driver.py 文件中。至此，Driver API 包装器模块就算大功告成了！接下来，我们将演示如何在仅使用模块和 Mandelbrot PTX 的情况下加载 PTX 模块并启动内核函数。

这个示例的完整代码也可以在配套资源的 cuda_driver.py 文件中找到。

使用 CUDA Driver API

现在，我们将以生成 Mandelbrot 集的程序为例，讲解如何使用包装器库。首先，我们需要导入相应的模块。注意这里是如何将所有的包装器加载到当前命名空间中的。

```
from __future__ import division
from time import time
import matplotlib
from matplotlib import pyplot as plt
import numpy as np
```

```
from cuda_driver import *
```

就像前文中所做的那样，我们把 GPU 代码都放到 mandelbrot 函数中。我们首先用 cuInit 初始化 CUDA Driver API，然后检查系统上是否至少安装了一个 GPU，若的确如此，则抛出异常。

```
def mandelbrot(breadth, low, high, max_iters, upper_bound):
 cuInit(0)
 cnt = c_int(0)
 cuDeviceGetCount(byref(cnt))
 if cnt.value == 0:
  raise Exception('No GPU device found!')
```

注意这里的 byref，这是 C 语言编程中引用操作符&在 Ctypes 模块中的“等价物”。记住，设备句柄和 CUDA 上下文可以用 Ctypes 模块中的 c_int 和 c_void_p 表示。

```
cuDevice = c_int(0)
cuDeviceGet(byref(cuDevice), 0)
cuContext = c_void_p()
cuCtxCreate(byref(cuContext), 0, cuDevice)
```

现在，我们将加载 PTX 模块。注意，我们需要用 c_char_p 将文件名类型转换为 C 字符串：

```
cuModule = c_void_p()
cuModuleLoad(byref(cuModule), c_char_p('./mandelbrot.ptx'))
```

现在，我们将在主机端创建 lattice 数组和一个名为 graph 的 NumPy 零数组——该数组将用于在主机端存储输出结果。我们还需要在 GPU 上为 lattice 数组和图像输出结果分配相应的内存空间，并通过 cuMemcpyHtoD 将 lattice 数组复制到 GPU 中：

```
lattice = np.linspace(low, high, breadth, dtype=np.float32)
lattice_c = lattice.ctypes.data_as(POINTER(c_float))
lattice_gpu = c_void_p(0)
graph = np.zeros(shape=(lattice.size, lattice.size), dtype=np.float32)
cuMemAlloc(byref(lattice_gpu), c_size_t(lattice.size*sizeof(c_float)))
graph_gpu = c_void_p(0)
cuMemAlloc(byref(graph_gpu), c_size_t(lattice.size**2 * sizeof(c_float)))
cuMemcpyHtoD(lattice_gpu, lattice_c,c_size_t(lattice.size*sizeof(c_float)))
```

现在，我们用 cuModuleGetFunction 获取 Mandelbrot 集内核函数的句柄，并设置相应的输入：

```
 mandel_ker = c_void_p(0)
```